Häusliche Gas-Feuerstätten und -Geräte für Niederdruckgas

12., gegen die 10. und 11. erweiterte Auflage

herausgegeben

vom

Deutschen Verein

von Gas- und Wasserfachmännern e. V.

Berlin W 30

Geisbergstraße 5/6

KOMMISSIONSVERLAG VON R. OLDENBOURG / MÜNCHEN UND BERLIN

Als häusliche Gas-Feuerstätten und -Geräte im Sinne dieser Vorschrift werden bezeichnet:

Gasgeräte für die Speisebereitung

Waschgeräte

Geräte für Trocknung und Formung der Wäsche

Warmwasserbereiter

Raumheizgeräte

Vorwort zur 10. Auflage 1931.

Die vorliegende Schrift ist entstanden aus der früheren Vereinsbroschüre »Anleitung zur Einrichtung, Aufstellung und Handhabung von Gas-, Heiz- und Kochapparaten«, die seit dem Jahre 1924 mit dem Titel »Gasfeuerstätten und -Geräte für Niederdruckgas« herausgegeben wurde.

Als die im Jahre 1929 herausgegebene 9. Auflage der Vereinsbroschüre »Gasfeuerstätten und -Geräte für Niederdruckgas« nach kurzer Zeit wiederum vergriffen war, stand man vor der Frage, ob die 10. Auflage abermals in der alten Fassung zur Ausgabe gelangen oder ob man mit der Drucklegung so lange warten sollte, bis die Normungsarbeiten des Gasgeräteausschusses zu einem gewissen Abschluß gelangt sind. Man entschied sich für den letzteren Weg, um die in den letzten Jahren gesammelten Erfahrungen in bezug auf Vervollkommnung der Gasgeräte und deren Installation dem Interessenkreis zugänglich zu machen. Es entstand hierdurch ein grundsätzlich neues Werk.

Mit der Ausarbeitung und Fertigstellung der neuen, vollkommen umgearbeiteten und wesentlich erweiterten Auflage wurden die Herren

Baurat Dr.-Ing. Schumacher-München,
Betriebsdirektor Gehrcke,
Oberingenieur Rasche

beauftragt, deren Entwürfe dem Unterausschuß »10. Auflage der Gasfeuerstätten« zur Beratung vorgelegen haben.

Denjenigen Gaswerken, Verbänden, Instituten und Personen, welche an der Entstehung, Vervollkommnung und Vervollständigung der Vereinsschrift beigetragen haben, insbesondere den obigen 3 Herren des Arbeitsausschusses, wird hiermit der Dank ausgesprochen.

Berlin, im Mai 1931.

Ludwig
Vorsitzender des Gasgeräteausschusses.

Vorwort zur 12. Auflage 1933.

Die 11. Auflage, eine unveränderte Folge der 10. Auflage, war gegen Ende des Vorjahres nahezu vergriffen. Sie wurde überarbeitet, erweitert und ergänzt zu der vorliegenden 12. Auflage.

Wenn auch von verschiedenen Seiten Wünsche nach einer Umgestaltung im Sinne einer Trennung der Richtlinien und Vorschriften von dem allgemeinen technisch-wissenschaftlichen Teil laut wurden, so sah doch der Geräte-Ausschuß zunächst keine zwingende Veranlassung zu solchem Schritt. Der Charakter der »Gasfeuerstätten« als Lehrbuch für den Gaseinrichter (Installateur) wurde daher beibehalten. Material aus den inzwischen fertiggestellten Installationsvorschriften, Prüfvorschriften für Gasgeräte usw. sowie praktisches Erfahrungsmaterial wurde mit verarbeitet. Wesentlich erweitert und verbessert wurde Ziffer 4 »Brenner (Leuchtbrenner, Bunsenbrenner)«. Neu sind eine Reihe von Abbildungen und Zahlentafeln sowie die Ziffer 10 »Geräte für Trocknung und Formung der Wäsche«.

Gegenüber der vorhergehenden Auflage erfolgte eine Ergänzung des Anhangs, der eine Sammlung der für den Anschluß von Gasfeuerstätten wichtigen Verfügungen der deutschen Länder enthält.

Allen an der Fertigstellung der 12. Auflage Beteiligten sei an dieser Stelle bestens gedankt.

Dessau, im März 1933.

Dr. P. Spaleck
Stellvertr. Vorsitzender des Gasgeräteausschusses.

Inhaltsverzeichnis.

I. Die Heizgase und ihre Verbrennung.

Ziffer 1.
Technische Heizgase.

Die Heizgase, die in Gaswerken und Kokereien hergestellt werden, sind Steinkohlengas, Wassergas und Generatorgas. Das Steinkohlengas wird durch Erhitzen von Steinkohlen bei Luftabschluß (Entgasung) gewonnen. Wassergas und Generatorgas werden dadurch erzeugt, daß durch eine hohe glühende Brennstoffschicht im ersteren Falle Wasserdampf und im zweiten Luft geleitet wird (Vergasung) (s. DIN-Bl. 1340).

Das Heizgas, das durch das Rohrnetz den Verbrauchern zugeführt wird (Stadtgas), ist reines Steinkohlengas oder eine Mischung von Steinkohlen- und Wassergas (Mischgas). Das Stadtgas (im folgenden ist immer Mischgas hierunter verstanden) kommt am häufigsten vor und ist von dem Deutschen Verein von Gas- und Wasserfachmännern als Normalgas bezeichnet worden. Die Verwendung von reinem Wasser- oder Generatorgas für Zwecke der Gasversorgung beschränkt sich auf wenige Sonderfälle. Das Stadtgas besteht aus den Gasen Wasserstoff, Methan, Kohlenoxyd, schweren Kohlenwasserstoffen, Kohlensäure und Stickstoff. Die mittlere Zusammensetzung der verschiedenen Heizgase geht aus Zahlentafel 1 (s. Seite 8) hervor.

Ziffer 2.
Verbrennungsvorgänge, Luftbedarf, Verbrennungserzeugnisse.

Die Heizgase enthalten Bestandteile, die verbrennen, d. h. sich bei Entzündung mit dem Sauerstoff der Luft unter Entwicklung von Wärme verbinden (Verbrennungsvorgang). Zu den brennbaren Bestandteilen gehören: Wasserstoff, Methan, Kohlenoxyd und schwere Kohlenwasserstoffe. Damit eine vollständige Umsetzung (vollkommene Verbrennung) der brennbaren Bestandteile des Heizgases zu Kohlensäure und Wasserdampf stattfinden kann, ist für jedes Heizgas eine bestimmte Mindestluftmenge erforderlich. Ist diese theoretische Luftmenge bei der Verbrennung des Heizgases im ganzen oder örtlich nicht vorhanden (Luftmangel), so kann eine vollständige Umsetzung zu Kohlensäure und Wasserdampf nicht stattfinden (unvollkommene Verbrennung). Unvollkommene Verbrennung kann auch eintreten, wenn die Flamme zu stark abgekühlt wird. Die Mindestluftmenge genügt meist zur Erzielung einer vollkommenen Verbrennung nicht. Um eine unvollkommene Verbrennung des Heizgases möglichst zu vermeiden, wird dem Heizgas bei der Verbrennung nicht nur

Zahlentafel 1. (Zu Ziff. 1.)

Art des Heizgases	Stein-kohlen-gas	Stadtgas (Misch-gas)	Wasser-gas	Gene-ratorgas
Verbrennungswärme (oberer Heizwert) kcal/Nm³ [1])	5250	4300	2700	1200
Heizwert (unterer Heizwert) kcal/Nm³ .	4680	3870	2450	1150
Mittlere Gas-zusammen-setzung ⎰ Kohlensäure Vol. %	4	5	6	6
schwere Kohlenwasserstoffe Vol. %	3	2	—	—
Kohlenoxyd Vol. %	7	18	38	27
Wasserstoff Vol. %	50	50	50	12
Methan Vol. %	30	19	(0,2)	(0,3)
Stickstoff Vol. %	6	6	6	55
Spez. Gewicht (Luft = 1)	0,43	0,47	0,55	0,90
Theoretischer Verbrennungsluftbedarf (Mindestluftmenge) m³/m³Gas	4,85	3,85	2,10	0,95
Verbrennungs-erzeugnisse je m³ Heizgas bei Ver-brennung ohne Luftüberschuß ⎰ Kohlensäure m³	0,45	0,43	0,38	0,33
Stickstoff m³	3,90	3,12	1,74	1,31
trockene Abgase m³	4,35	3,55	2,12	1,65
maximaler Kohlensäure-gehalt %	10,5	12,0	18,0	20,0
Verbrennungswassermenge kg	0,95	0,75	0,40	0,10
Feuchtes Abgasvolumen in m³ je m³ Heizgas bei 50% Luft-überschuß . . . . ⎰ bei 100° C	10,9	8,8	5,0	3,1
bei 150° C	12,4	10,0	5,7	3,5
Taupunkt der Abgase bei 50% Luftüberschuß . . . . ° C	54	54	53	35

die Mindestluftmenge, sondern noch mehr Luft (überschüssige Luft) zugeführt. Man drückt den Luftüberschuß in % der Mindestluftmenge aus, z. B.
der Luftüberschuß beträgt je nach Art der Gasfeuerstätten bei Nennbelastung in der Regel 30 bis 150% der Mindestluftmenge, oder anders ausgedrückt: die zugeführte Verbrennungsluftmenge beträgt das 1,3 bis 2,5 fache
der Mindestluftmenge. Das Vielfache der Mindestluftmenge nennt man
Luftüberschußzahl. Die Mindestluftmenge in m³ je m³ Heizgas ist für
die verschiedenen Heizgase in Zahlentafel 1 angegeben.

Ein sehr großer Luftüberschuß ist für den Verbrennungsvorgang nicht
schädlich, aber in Hinblick auf die wirtschaftliche Ausnutzung der bei der
Verbrennung entstehenden Wärme in den Gasgeräten nicht erwünscht.

Nach der Verbrennung des Heizgases bleiben die beiden Verbrennungserzeugnisse Kohlensäure und Wasserdampf, ferner die unbrennbaren
Bestandteile des Heizgases, der Stickstoff aus der Mindestluftmenge und

---

[1]) $Nm^3 = Normalkubikmeter = 1m^3$ Gas bei 0° C und 760 mm QS Barometerstand, trocken.

die überschüssige Verbrennungsluft übrig. Die nach der Verbrennung vorhandenen Gase werden Abgase[1]) genannt.

Der Ablauf des Verbrennungsvorganges und die Entstehung der Abgase sind in Abb. 1 schematisch dargestellt. Auf der linken Seite der Abb. 1 sind die Verhältnisse vor der Verbrennung dargestellt, also die Zufuhr von Heizgas und Verbrennungsluft. Die dicke senkrechte Linie in der Mitte der Abb. 1 soll veranschaulichen, daß hier die chemische Verbindung der brennbaren Gase des Heizgases mit dem Sauerstoff der Verbrennungsluft, also der eigentliche Verbrennungsvorgang, stattfindet. Rechts davon sind die Verhältnisse nach dem Verbrennungsvorgang, also die entstandenen Abgase, dargestellt. Man erkennt aus der Abb. 1 die Mindestluft-

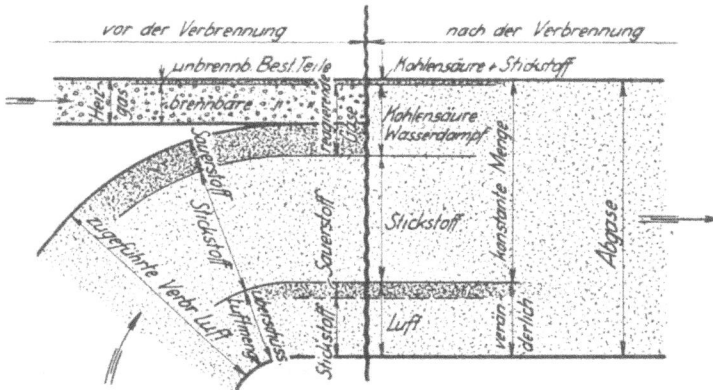

Abb. 1. Schema für die Entstehung der Abgase.

menge, deren Sauerstoff mit den brennbaren Bestandteilen des Heizgases unter Wärmeentwicklung in Verbindung geht, ferner die überschüssige Luftmenge, welche an dem eigentlichen Verbrennungsvorgang nicht direkt teilnimmt, aber zur Erreichung einer vollkommenen Verbrennung aus Sicherheitsgründen vorhanden sein muß.

Es ist zu merken, daß bei der Verbrennung des Heizgases gewichtsmäßig keine Stoffe oder Gase verschwinden, sondern nur umgesetzt oder umgewandelt werden und daher in umgewandelter Form als Abgase wieder in Erscheinung treten; dagegen sind die Volumen vor und nach der Verbrennung nicht gleich (s. Abb. 2). Die Abgase sind bei vollkommener Verbrennung des Heizgases nicht giftig, vermögen aber unverdünnt einge-

---

[1]) *Außer Kohlensäure, Stickstoff, Wasserdampf und Luft enthält das Abgas noch schweflige Säure (herrührend von den organischen Schwefelverbindungen im Heizgas), jedoch in sehr starker Verdünnung, in einer Konzentration von* $1/_{1000}$ *bis* $1/_{10\,000}$ *der* CO_2-*Menge.*

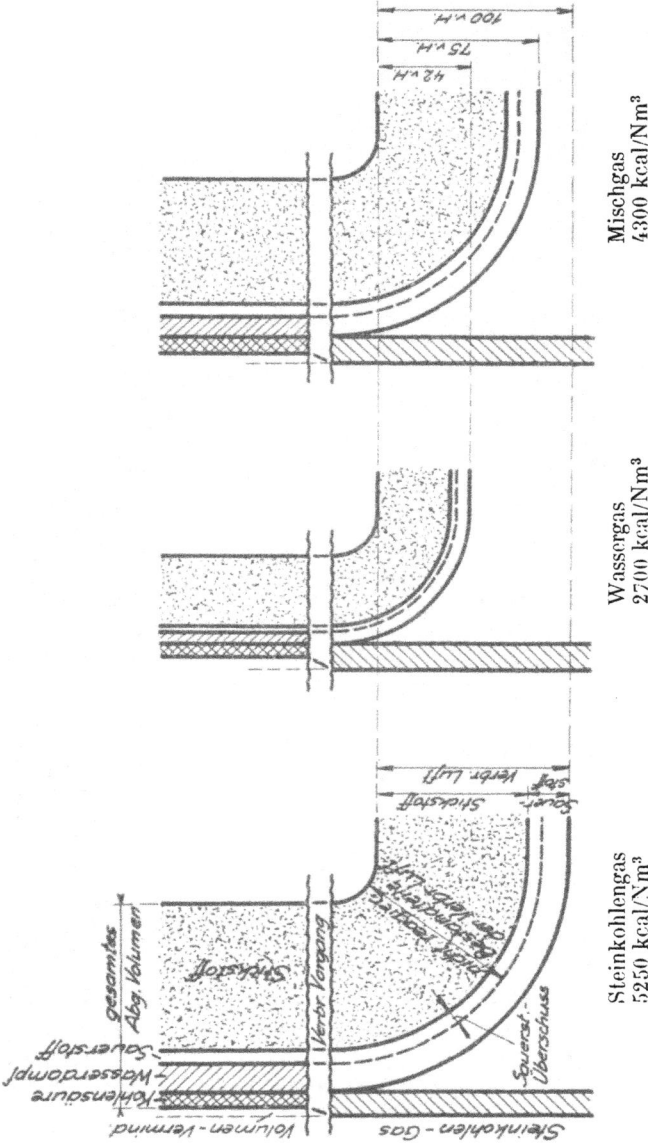

Abb. 2.   Luftbedarf und Verbrennungserzeugnisse verschiedener Gase bei 50 % Luftüberschuß.
(Dargestellt nach Raumteilen.)

atmet die Atmung nicht zu unterhalten. Der Luftbedarf und die erzeugte Verbrennungsgasmenge verschiedener Heizgase bei 50°₀ Luftüberschuß sind vergleichsweise auf Abb. 2 zusammengestellt.

Zur vollkommenen Verbrennung des Heizgases ist nicht nur der ungehinderte Zutritt von Verbrennungsluft zur Flamme, sondern auch der ungehinderte Abzug der Verbrennungsgase notwendig. Ferner können Flammen nicht ohne starke Störungen in den Abgasen anderer Flammen brennen.

Ziffer 3.
Wärmemenge (Verbrennungswärme, Heizwert).

Bei der Verbrennung von 1 m³ Heizgas entsteht eine Wärmemenge, die von der Zusammensetzung des Heizgases abhängig ist. Diese Wärmemenge heißt Verbrennungswärme und man bezeichnet sie auch als oberen Heizwert[1]. Daß man in der Technik daneben noch eine andere Wärmemenge im heiztechnischen Sinne als charakteristisch für ein Heizgas angibt, die man Heizwert und auch unteren Heizwert bezeichnet, hat folgenden Grund:

Die Verbrennungswärme steht nur voll zur Verfügung, wenn die Verbrennungserzeugnisse wieder auf die Ausgangstemperatur abgekühlt werden, welche Heizgas und Luft vor der Verbrennung hatten, und wenn vor allem dabei das durch die Verbrennung gebildete Wasser als flüssiges Wasser niedergeschlagen (kondensiert) wird.

Bei dieser Kondensation des Wasserdampfes wird die gleiche Wärmemenge frei, wie sie für die Verdampfung aufzuwenden wäre.

Da bei den meisten Heizvorgängen das Verbrennungswasser nicht niedergeschlagen werden soll, sondern dampfförmig bleibt, so wird in der Technik als Heizwert (unterer Heizwert)[2] die Wärmemenge bezeichnet, welche um die technisch nicht ausnutzbare Kondensationswärme des Verbrennungswassers geringer ist als die Verbrennungswärme.

Angaben über Verbrennungswärme (oberen Heizwert) und Heizwert (unteren Heizwert) der verschiedenen Heizgase enthält Zahlentafel 1.

Die Verbrennungswärme und der Heizwert eines Heizgases werden in kcal (»Kilokalorie«, Wärmeeinheit, früher auch WE abgekürzt) angegeben,

---

[1] *Die Verbrennungswärme oder der obere Heizwert eines Gases ist die Wärmemenge, welche bei der Verbrennung frei wird, wenn die Verbrennungsprodukte wieder auf die Ausgangstemperatur abgekühlt werden und das gebildete Verbrennungswasser in flüssiger Form abgeschieden wird.*

[2] *Der Heizwert, auch als unterer Heizwert bezeichnet, ist die bei der Verbrennung zu Wasserdampf gewinnbare Wärmemenge, wenn im übrigen die Verbrennungserzeugnisse wieder auf die Ausgangstemperatur abgekühlt werden. Der Heizwert ist also um die Kondensationswärme des Verbrennungswassers niedriger als die Verbrennungswärme.*

wobei 1 kcal die Wärmemenge ist, durch die 1 kg Wasser um 1° (von 14,5 auf 15,5° C) erwärmt wird.

Das Normalgas (Stadtgas) hat eine Verbrennungswärme (oberen Heizwert) von 4000 bis 4300 kcal je m³ bei 0° C und 760 mm Q-S trocken ein spez. Gewicht von nicht mehr als 0,5 (Luft = 1) und einen Prozentsatz an nicht brennbaren Bestandteilen (Inerten) von tunlichst nicht mehr als 12 Vol.-%, keinesfalls über 15 Vol.-%.

Ziffer 4.
Brenner (Leuchtbrenner, Bunsenbrenner).

Die Aufgabe des Brenners ist es, die beim Verbrennen des Gases entstehende Flamme in geeigneter Weise zu formen und nötigenfalls so zu unterteilen, daß im Zusammenwirken mit der Gesamtanordnung des Gasgerätes die zu einer vollständigen Verbrennung ausreichende Verbrennungsluftmenge dem Gas zugeführt wird.

Die einfachste Brennerart läßt das unter Druck stehende Heizgas aus einer Öffnung in die umgebende Luft ausströmen, das dann entzündet wird. Die ganze Verbrennungsluft wird hierbei der Umgebung der Flamme entnommen. Sie wird teils durch die Ausströmungsenergie des Gases, teils durch den Auftrieb, den die Flamme erzeugt, an diese herangebracht. Je nachdem die Öffnung, aus der das Gas austritt, ein kreisrundes Loch (Abb. 3a) oder ein Schlitz (Abb. 3b) ist, entstehen lange spitze oder breite, scheibenförmige, leuchtende Flammen[1]). Man nennt daher solche Brenner Leuchtbrenner.

Das Leuchten der Flamme wird dadurch bewirkt, daß die im Steinkohlengas enthaltenen Kohlenwasserstoffe infolge der Temperaturerhöhung zerfallen, sobald sie sich der Verbrennungszone nähern, und die frei gewordenen Kohlenstoffteilchen glühend werden, ehe sie am Flammensaum verbrennen. Berührt eine leuchtende Flamme einen die Flamme abkühlenden und den Zutritt von Luft verhindernden Körper, so kann der beim

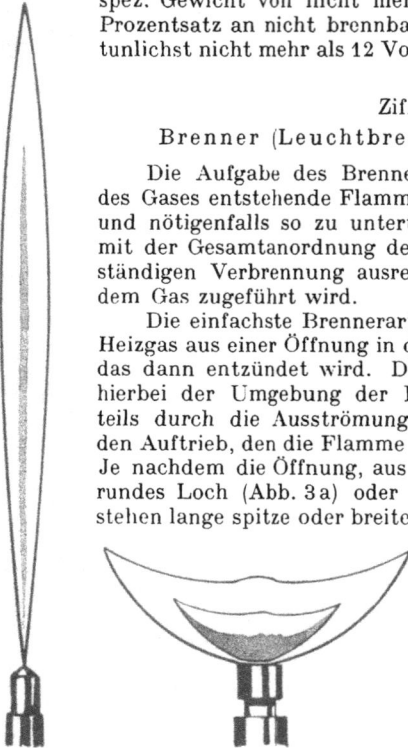

Abb. 3a und 3b. Leuchtende Flammen.

---

[1]) *Sollen größere Gasmengen als etwa 50 l/h bei Spitzflammen oder etwa 150 l/h bei scheibenförmigen Flammen mit leuchtender Flamme verbrannt werden, so unterteilt man die Gasmenge auf eine größere Zahl von Einzelflammen, da sonst die Flamme zu lang und zu unstabil und die Belüftung zu schwierig wird. (Brennerrohre, Brennerrechen.)*

Zerfall der Kohlenwasserstoffe entstandene Kohlenstoff nicht mehr verbrennen und schlägt sich als Ruß an dem Körper nieder. Eine leuchtende Flamme darf daher keine Flächen oder Körper berühren, die sie abkühlen oder den Luftzutritt behindern.

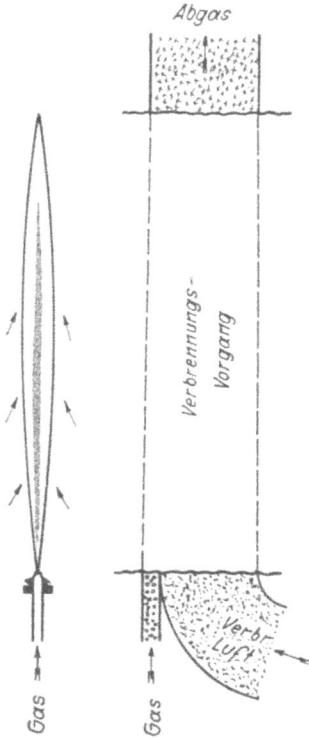

Abb. 4. Leuchtbrenner.   Abb. 5. Bunsenbrenner.

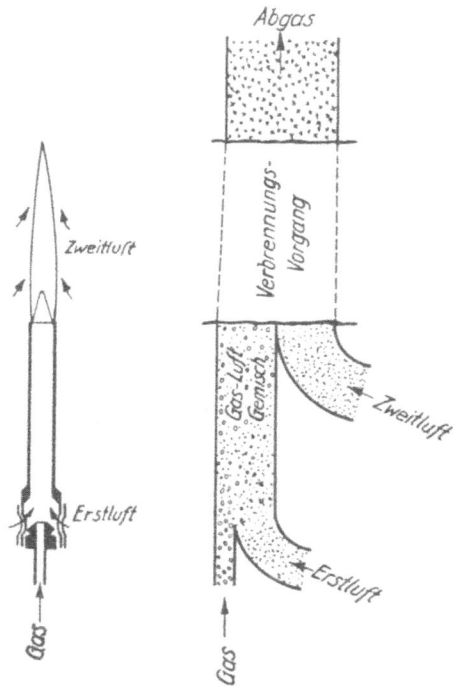

Ruß und unvollkommene Verbrennung entstehen auch, wenn die Umgebung der Leuchtflammen, aus der die Verbrennungsluft entnommen wird, zum Teil aus Abgasen einer anderen Flamme besteht. Namentlich zu groß brennende Zündflammen geben hierzu Anlaß.

Um die Abscheidung von Kohlenstoff zu vermeiden, muß eine rußfreie Flamme erzeugt, d. h. die Flamme entleuchtet werden. Dies geschieht durch Zumischung eines entsprechenden Anteils der Verbrennungsluft zum Gas, bevor es verbrannt wird. Der beim Zerfall der Kohlenwasserstoffe sich bildende Kohlenstoff findet dann Sauerstoff genug im Brenn-

gasgemisch vor, um sich umzusetzen. Die zur Entleuchtung der Flamme
erforderliche Erstluftmenge hängt im wesentlichen von Menge und Art
der Kohlenwasserstoffe ab, die das Gas enthält, und beträgt für Stadtgas
etwa 25 % der erforderlichen Gesamtverbrennungsluftmenge. Die rest-
liche Verbrennungsluft, Zweitluft, wird von der entleuchtet brennenden
Flamme ihrer Umgebung entnommen. Das Stadtgas verbrennt dann mit
blaugrüner Flamme.

Mischt man dem Gas mehr Erstluft zu als zur Entleuchtung erforderlich ist, so erhält man die sog. Bunsenflamme, d. h. eine Flamme, an
der man zwei Brennzonen unterscheiden kann, eine innere (Innenkegel),
in der eine teilweise Verbrennung des Gases mit der Erstluft und die Umsetzung der Kohlenwasserstoffe in die verbrennungsreifen Gase sich voll-
zieht, und einen äußeren Flammenmantel, in dem die Verbrennung zu Ende
geführt wird.

Im Bunsenbrenner (Abb. 5) strömt das Heizgas aus der Düse infolge
des Überdruckes aus und saugt durch die Luftzutrittsöffnungen des Mischrohres einen Teil der Verbrennungsluft als Erstluft an. Die Ansaugung
der Erstluft durch den aus der Düse in das Mischrohr eintretenden Gasstrahl unterliegt den Gesetzen der Strahlpumpe. Die durch die Düsenform
bedingte Form des Gasstrahls, die Form des als Injektor wirkenden ersten
Teils des Mischrohres, die Stellung zueinander, der Widerstand im Mischrohr und endlich der Widerstand des Gasluftgemisches an den Austrittsöffnungen des Brenners sind von ausschlaggebender Bedeutung für die
Erstluftzuführung und damit für die Gestaltung der Bunsenflamme.

Wird dem Gas ein großer Teil der Verbrennungsluft als Erstluft zugeführt, so entsteht ein kurzer, scharfer, heißer Innenkegel; wird weniger
Erstluft zugeführt, so wird dieser Innenkegel länger, unscharf und die
Temperatur niedriger. Die Höhe des Innenkegels der Bunsenflamme ist
durch die Zündgeschwindigkeit des Gasluftgemisches bedingt.

In einem Gasluftgemisch pflanzt sich die Entzündung mit einer gewissen Geschwindigkeit fort, die man Zündgeschwindigkeit nennt.
Sie ist eine wichtige Eigenschaft der Brenngase.

Der Flächeninhalt und damit die Höhe des Innenkegels ergibt sich
dadurch, daß die Strömungsgeschwindigkeit des Gasluftgemisches in dieser
Kegelfläche gerade so groß ist wie die dieser entgegengerichtete Zündgeschwindigkeit, d. h. die Geschwindigkeit, mit der sich die Zündung der
Strömung entgegen fortzupflanzen sucht. Bei großer Zündgeschwindigkeit
wird also ein niederer Innenkegel mit kleiner Kegelfläche entstehen, damit
die Flächeneinheit mit der der Zündgeschwindigkeit entsprechenden großen
Strömungsgeschwindigkeit durchströmt wird.

Die Zündgeschwindigkeit wächst bei gleicher Gasbeschaffenheit im
Bereich der im Bunsenbrenner erzeugbaren Gasluftmischungen mit stei-
gender Menge des Erstluftzusatzes. Wird die Zündgeschwindigkeit größer
als die Strömungsgeschwindigkeit, mit der das Gasluftgemisch aus den
Brennöffnungen austritt, so pflanzt sich die Zündung in das Brennerrohr

fort, der Brenner schlägt zurück (Abb. 6). (In Wirklichkeit erfolgt das Zurückschlagen aus verschiedenen Gründen schon etwas früher.)

Da die Zündgeschwindigkeit auch stark wächst, wenn das Gasluftgemisch erhitzt wird, muß man durch geeignete Anordnung das Heißwerden des Mischrohres vermeiden, und wenn es durch eine zurückgeschlagene Flamme erhitzt worden ist, muß es gekühlt sein, ehe man das Gasluftgemisch am Brenner wieder anzündet.

Die Zündgeschwindigkeit ist bei gleicher Gasluftmischung abhängig von der Zusammensetzung des Gases. Wasserstoff und Wassergas erhöhen die Zündgeschwindigkeit, unbrennbare Gase erniedrigen sie.

Die Zündgeschwindigkeit ist also auch eine Eigenschaft der Gase, der ähnliche Bedeutung zukommt wie dem Heizwert und dem spez. Gewicht. Die wesentliche Bedeutung der Zündgeschwindigkeit liegt nicht in ihrem Einfluß auf das Zurückschlagen der Flammen, sondern darin, daß eine hohe Zündgeschwindigkeit entsprechend dem kleinen Innenkegel der Bunsenflamme auch eine starke Verdichtung der Verbrennung herbeiführt. Wasserstoff und Wassergas haben hohe Zündgeschwindigkeiten und dadurch hohe Verbrennungsintensität. Sie ergeben trotz geringen Heizwerts hohe Flammentemperaturen; die Wasserstoff-Flamme und Wassergas-Flamme erzeugen Schweißtemperaturen, die mit dem doppelt so heizkräftigen Steinkohlengas nur schwer erreichbar sind.

Abb. 6. Zurückgeschlagene Flamme.

Die Richtlinien des DVGW für die Gasbeschaffenheit, die ein Gemisch aus Steinkohlengas von hohem Heizwert mit Wassergas von hoher Verbrennungsintensität zur Grundlage haben, suchen also die brenntechnisch günstigen Eigenschaften beider Gase (hoher Heizwert des Steinkohlengases und hohe Verbrennungsintensität, d. h. Flammentemperatur des Wassergases) zu einem Bestwert zu vereinigen.

Beim Bau und Betrieb der in Gasgeräten angewendeten Bunsenbrenner muß man mit den Gesetzen der Zündgeschwindigkeit rechnen und sie sich zum mindesten in großen Zügen klarmachen.

Ist die Erstluftmenge zu groß, etwa infolge zu weiter Luftzuführungsöffnungen oder infolge ungenügender Verdrängung der Luft im Mischrohr kurz nach der Inbetriebnahme, so schlägt die Flamme beim Anzünden zurück und das Gas entzündet sich an der Düse. Das gleiche tritt ein, wenn die Gasmenge zu gering ist, etwa infolge falscher Einstellung der Düsenöffnung oder zu geringen Gasdruckes oder auch infolge Verschmutzung der Düse. Zurückschlagen kann auch eintreten infolge erheblich erhöhten Wassergasgehaltes des Stadtgases.

Die Ansaugung der Erstluft erfolgt durch den aus der Gasdüse in das Mischrohr eintretenden Gasstrahl. Die Wirkung unterliegt den Gesetzen der Strahlpumpe; die durch die Düsenform bedingte Form des Gasstrahls, die Form des als Injektor wirkenden ersten Teils des Mischrohres, deren

Stellung zueinander, der Widerstand im Brennerrohr und endlich der Widerstand des Gasluftgemisches an den Austrittsöffnungen des Brenners sind von ausschlaggebender Bedeutung für die Erstluftzuführung und damit für die Gestaltung und Regulierbarkeit der Bunsenflamme. Während man früher das Einströmen eines Gasstrahls in ein zylindrisches Mischrohr und die Regulierung der Erstluft durch eine Drosseleinrichtung (Kulissen-schieber oder andere verstellbare Schlitze) in Anlehnung an die erste Form des Bunsenbrenners für ausreichend hielt, haben neuere systematische Versuche gezeigt, daß durch richtige Formgebung und Abmessungen von Düse, Mischrohr und Austrittsöffnungen erreicht werden kann, daß die Bunsen-flamme der Gasgeräte in weitem Maß von der Regelung der Erstluft durch die Verbraucher unabhängig gemacht werden kann.

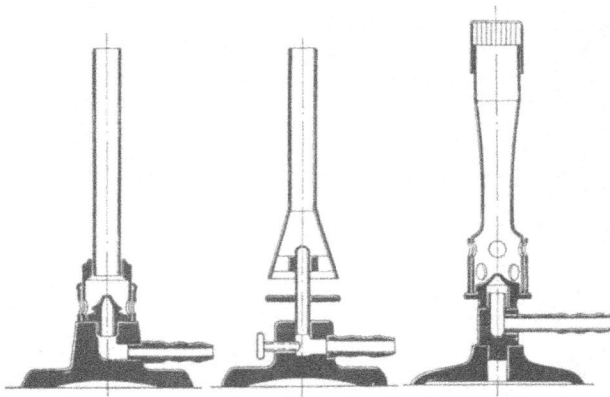

Abb. 7 bis 9.

Der älteste Brenner für entleuchtete Flamme ist der Laboratoriums-Bunsenbrenner (Abb. 7). Das Mischrohr ist zylindrisch und die Erst-luft, die durch kreisförmige Öffnungen eintritt, kann durch einen Ring-schieber reguliert werden. Eine Verbesserung ist der Téclubrenner (Abb. 8); bei ihm ist das Mischrohr unten kegelförmig erweitert, so daß ein großer freier Querschnitt für die Ansaugung der Erstluft zur Verfügung steht; deren Regelung erfolgt durch eine Scheibe, die auf einem auf dem Gas-zuführungsrohre aufgeschnittenen Gewinde sehr genau eingestellt werden kann.

Eine weitere Verbesserung ist der Mékerbrenner (Abb. 9). Bei ihm erweitert sich das Mischrohr nach dem Brennerkopf zu. Der Brennerkopf besteht aus einem Zellenkörper aus Nickel. Dadurch wird der Innenkegel der Bunsenflamme in eine große Zahl kleiner Einzelkegel unterteilt, die jeder nur geringe Höhe haben; dadurch kann die Flamme der zu behei-zenden Fläche näher gebracht werden.

Brenner für Warmwasserbereiter.

Die meisten Warmwasserbereiter sind mit Brennern für leuchtende Flammen ausgerüstet (Abb. 10 u. 11). Die Flamme ist stark unterteilt, da ein Brennerrechen bis zu 200 und mehr einzelne Bohrungen auf-

Abb. 10.
Leuchtbrenner für Warm-
wasserbereiter.

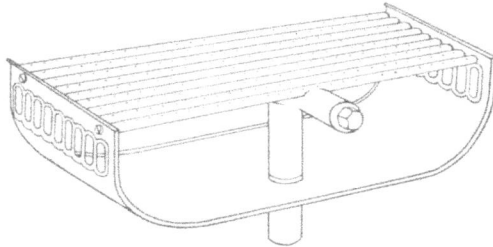

Abb. 11.
Leuchtbrenner für Warmwasserbereiter.

weist, aus denen das Gas zu Spitzflammen ausströmt. Sehr gleichmäßige und sorgfältig parallel gerichtete Bohrungen sind erforderlich, damit sich die Flammen gegenseitig nicht stören.

Die verschiedene Lochweite in der Nähe des Zuleitungsrohres und gegen Ende der Zweigrohre ist erforderlich, um dem Druckabfall Rechnung zu tragen. Der Abstand der einzelnen Rohre und Bohrungen muß so gewählt werden, daß jede Einzelflamme genügend belüftet wird und so eng, daß ein sicheres Durchzünden erfolgt.

Bei einigen wenigen Warmwasserbereitern findet auch die entleuchtete Flamme Anwendung. Bei dem Brenner Abb. 12 ist der Brennerkopf dreieckig ausgebildet und mit einer mit Schlitzen versehenen Stahlplatte abgedeckt. Durch die Einschnürung soll eine bessere Durchmischung von Gas und Erstluft erreicht werden, die Aufspaltung der Flamme eine bessere Belüftung herbeiführen.

Bei dem Brenner Abb. 13 ist ebenfalls eine Verengung des Mischrohres festzustellen. Am Übergang befinden sich die Öffnungen zur Ansaugung der Erstluft. Der Austrittsquerschnitt am Brennerkopf ist sehr klein gehalten, um das Zurückschlagen der Flammen zu erschweren. Außerdem ist der Abstand der einzelnen Brenner so gewählt, daß genügend Zweitluft zur einwandfreien Verbrennung des Gases hindurchtreten kann.

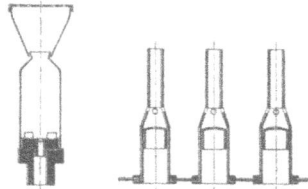

Abb. 12 und 13.
Brenner für entleuchtete
Flammen für Warmwasser-
bereiter.

2

Der Brenner Abb. 14 hat ebenfalls die konische Form des Mischrohres.
Der Brennerkopf ist zur besseren Belüftung der Flammen schräg gestellt.
In einem erweiterten Teil des Mischrohres ist zur Erhöhung der Rück-
schlagsicherheit ein Sieb vorgeschaltet. (Das Sieb be-
dingt einen Stau im Mischrohr und damit eine geringere
Luftansaugung.)

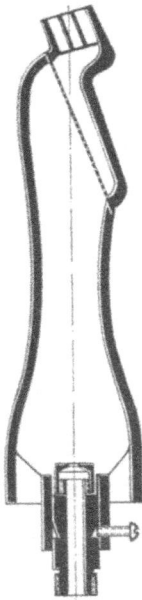

Kocherbrenner.

Von dem alten Einfachbrenner, der nur auf etwa
ein Drittel des Stundenverbrauches bei Vollbrand kleinstellbar war, führte der Weg zum neuzeitlichen Einfach-

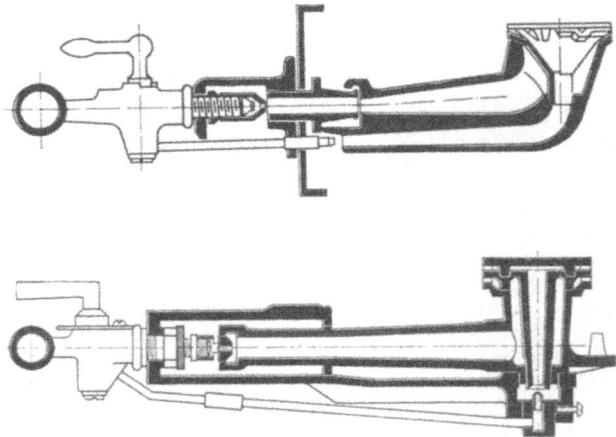

Abb. 14.
Bunsenbrenner
für Warm-
wasserbereiter.

Abb. 16.
Einhahnige Doppelbrenner für Kocher.

brenner und zum einhahnigen Doppelbrenner. Dieser besteht aus zwei
Brennern mit verschiedenem Gasverbrauch, die konstruktiv zu einem
Ganzen vereinigt sind. Bei Kleinstellung wird die große Flamme ge-
löscht. Beim Anschlag des Hahnkükens auf Kleinstellung beträgt der
Gasverbrauch etwa ein Neuntel des Gesamtverbrauches des Doppel-
brenners.

Das Mischrohr ist im Vergleich zu älteren Brennern im ersten Teil
wesentlich verengt und erweitert sich dann nach dem Brennerkopf zu.
Dadurch wird gegenüber den früheren Brennern die Strömungsgeschwindigkeit des Gasluftgemisches im Mischrohr erheblich vergrößert, die Gefahr
des Zurückschlagens der Flamme im Mischrohr herabgesetzt und bei einzelnen Bauarten durch besondere Mittel sogar erreicht, daß eine etwa beim

Anzünden doch zurückgeschlagene Flamme selbsttätig wieder zum Brennerkopf vorgetragen wird.

Das wird durch richtige Abstimmung von Gasmenge, Luftansaugung
durch die Strahlwirkung, Zündgeschwindigkeit und Strömungsgeschwindigkeit des Gasluftgemisches im Brennerrohr erreicht. Die Doppelbrenner (Abb. 15 u. 16) und der Einfachbrenner (Abb. 17) bedienen sich
hierbei verschiedener zum Teil patentrechtlich geschützter Anordnungen.

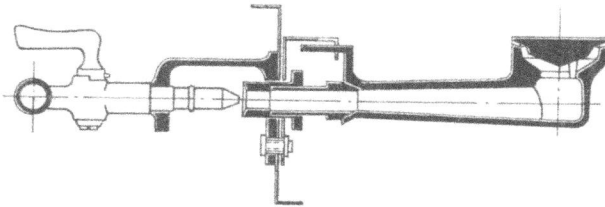

Abb. 17.   Einfachbrenner für Kocher.

Die Flammen der Kocherbrenner sollen nicht zu steil gegen den Topfboden brennen, sondern sich an diesen anlegen. Durch richtigen Abstand
zwischen Brennerkopf und Topfboden muß für ausreichende Belüftung
und Vermeidung von Kohlenoxydbildung gesorgt sein. Die Brenneröffnungen sollen so liegen, daß sie nicht durch überkochende Speisen verstopft werden.

Bratofenbrenner.

Die Beheizung der Bratöfen für den Haushalt erfolgt sowohl durch
Brenner mit leuchtender Flamme wie auch durch Brenner mit entleuchteter
Flamme. Für entleuchtete Flammen werden Rohrbrenner benutzt (Abb. 18).

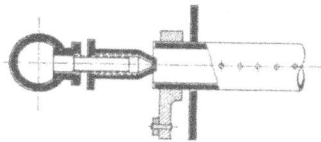

Abb. 18.   Bratofenbrenner.

Heizofenbrenner.

Die meisten Heizofenbrenner sind als Leuchtflammenbrenner ausgebildet. Sie bestehen entweder aus einem Rohr mit eingeschraubten Brennerköpfchen (Steatit- oder Bray-Brenner) oder aus Rohren mit eingebohrten Brennlöchern. Die eingeschraubten Brennerköpfchen können als
Loch-, Schlitz- oder Strahlenbrenner ausgebildet sein (Abb. 19).

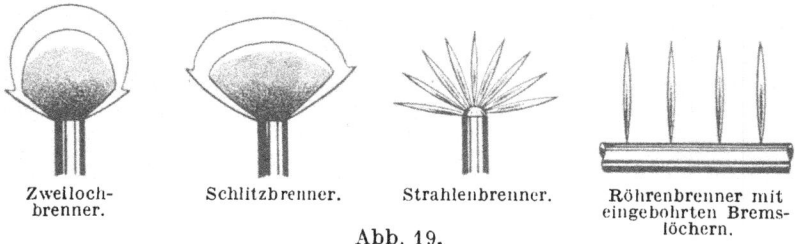

Zweiloch-
brenner.　　　Schlitzbrenner.　　　Strahlenbrenner.　　　Röhrenbrenner mit
eingebohrten Brems-
löchern.

Abb. 19.

Bei dem Glühkörperofen-Brenner Abb. 20 wird die entleuchtete Flamme zur Erhitzung von Magnesia-Körpern benutzt, die die Wärme durch Strahlung abgeben. An dem kugelförmigen Ansatz des Mischrohres, in den die in der Abb. nicht dargestellte Gasdüse hineinragt, erfolgt die An-

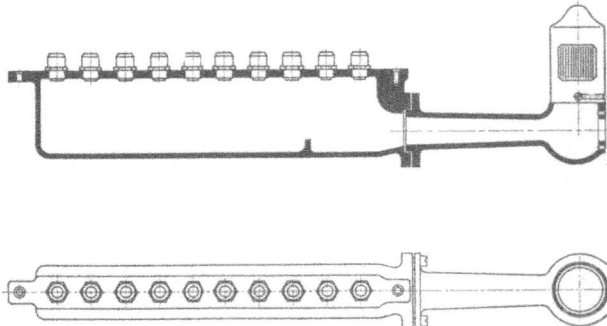

Abb. 20. Bunsenbrenner für Heizöfen.

saugung der Erstluft, die durch die aufgesetzte Schlitzhülse geregelt werden kann. In jede Brennerdüse ist ein engmaschiges Sieb aus Messingdraht eingesetzt, so daß eine vollkommene Rückschlagfreiheit des Brenners gewährleistet wird.

Brenner für größere Wärmeleistung.

Die Bunsenbrenner (Abb. 19) finden, zu Gruppen zusammengestellt, auch bei größeren häuslichen Gasfeuerstätten Anwendung (Abb. 21).

Die Brenner Abb. 22—23 sind ebenfalls verbesserte Bunsenbrenner. In beiden Fällen ist bei der Ausbildung des Mischrohres zunächst eine Verengung zu erkennen. Als Brennerkopf wird eine durchlochte Platte aus Karborundum benutzt. Hierdurch tritt, wie beim Mékerbrenner, eine Unterteilung des grünen Kernes in viele Einzelkerne ein. Brenner mit derartigen Brennerköpfen lassen eine größere Erstluftmenge zu als gewöhnliche Bunsenbrenner und sind bei Kleinstellung weitgehend rückschlagsicher. Auch diese Brenner können aber zurückschlagen, wenn das Gas-

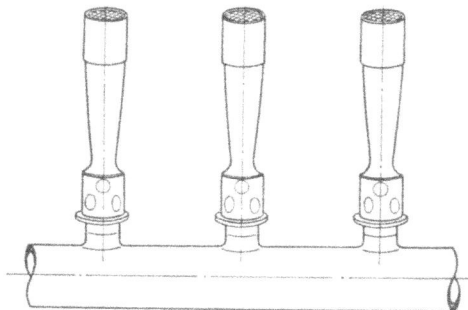

Abb. 21. Gruppenbrenner.

luftgemisch zu heiß und dadurch die Zündgeschwindigkeit zu groß wird, sie sind also durch richtigen Einbau in das Gerät vor Erhitzung zu schützen.

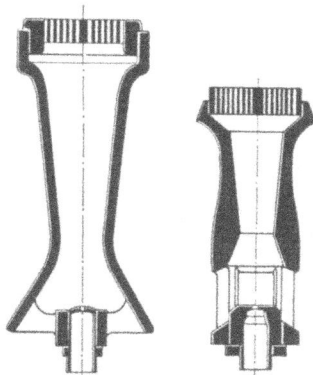

Abb. 22 und 23.
Intensiva- und Pharosbrenner.

Für größere Wärmeerzeugung kommen neben den zu Gruppen zusammengestellten Bunsenbrennern und ihren Abarten auch der liegende Bunsenbrenner und seine Sonderausführungen zur Anwendung. In Abb. 24 ist die Ausführung eines Kopf- und Ringbrenners wiedergegeben.

Bei diesen Brennern ist darauf zu achten, daß der Zwischenraum
zwischen den einzelnen Brennerkopföffnungen (Warzen) und ihre Höhe
groß genug ist, so daß genügend Zweitluft an die einzelnen Flammen
herantreten kann. Ebenfalls muß bei Anordnung mehrerer Brenner der

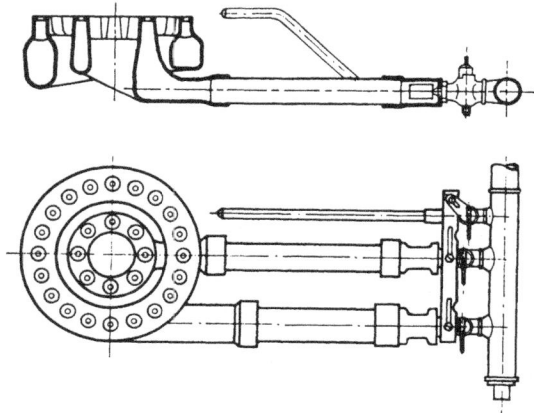

Abb. 24. Kopf- und Ringbrenner.

Zwischenraum zwischen den einzelnen Kopf- und Ringbrennern groß
genug sein. Jeder Brennerteil erhält einen Absperrhahn und muß sich
genügend kleinstellen lassen. Bei Anordnung mehrerer Brenner ist es

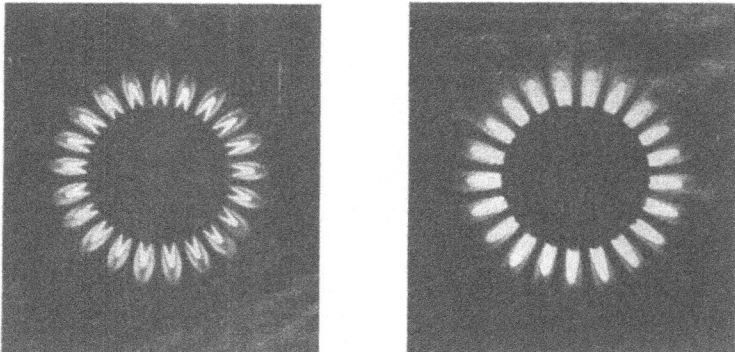

Abb. 25. Einfachbrenner.
a) ohne Glasschale   b) mit Glasschale.

zweckmäßig, die Gashähne der einzelnen Brenner mit dem Zündflammenhahn zu verriegeln.

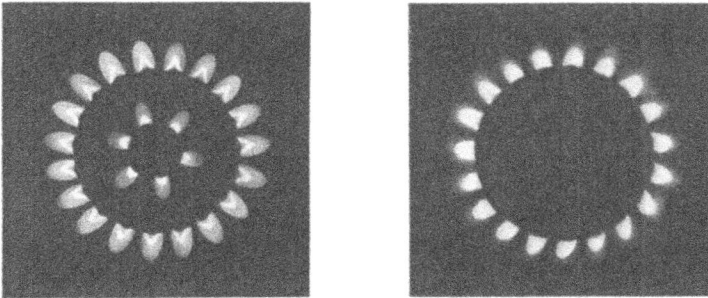

Abb. 26. Einhahniger Doppelbrenner.
a) ohne Glasschale.　　　　　　　　　　b) mit Glasschale.

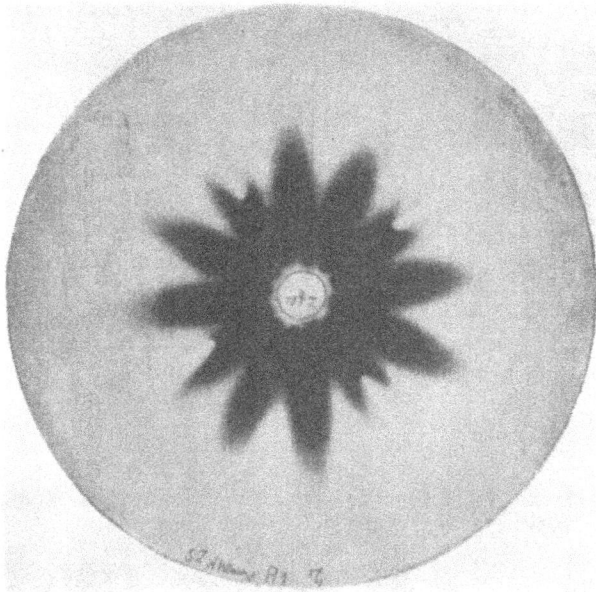

Abb. 27.
Einwirkung der Flamme eines Einfachbrenners auf Erlenholzfurnier.

Kennzeichen für das richtige und unrichtige Arbeiten der
Brenner.

Störungen an Brennern infolge unrichtiger Einstellung oder infolge
von Verschmutzung u. dgl. geben vielfach Anlaß zu unvollkommener Verbrennung, die schlechten Geruch und Ruß erzeugt und zur Bildung von
Kohlenoxyd führen kann. Man erkennt unvollkommene Verbrennung am
Aussehen der Flammen: leuchtende Flammen ziehen sich bei Luftmangel
in die Länge, brennen dunkler und flackern unruhig hin und her; ent-

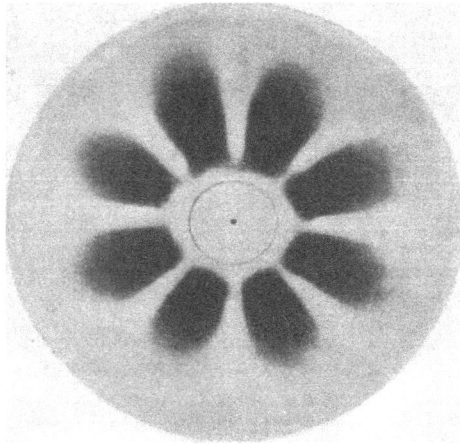

Einwirkung der Flamme eines Doppelbrenners auf Erlenholzfurnier.

leuchtete Flammen verlieren den blaugrünen, scharf begrenzten Innenkegel
und die straffe Form, sie hören auf zu rauschen, bekommen gelbe Spitzen
und beginnen bei Berührung mit kalten Flächen zu rußen.

Genaue Einstellung eines jeden Brenners und Reinhaltung aller seiner
Teile ist für das richtige Brennen von größter Wichtigkeit. Das Einstellen
ist in der Zeit der hauptsächlichsten Benutzung des Brenners vorzunehmen.

Abb. 25 a zeigt die Flamme eines Kocherbrenners ohne aufgesetzten
Topf, Abb. 25 b mit aufgesetzter Schale aus Duraxglas. Durch das Aufsetzen des Topfes entsteht namentlich bei zu kleinem Topfabstand ein
kleiner Stau der Abgase, der sich in das Mischrohr und bis zum Injektor
auswirken kann. Infolgedessen wird etwas weniger Luft angesaugt und
der grüne Kern der Flammen zieht sich in die Länge, die Flamme bleibt
aber straff und der grüne Kern deutlich erkennbar.

Abb. 26 zeigt einen anderen Kocherbrenner ohne und mit aufgesetztem Topf. Brennt die Flamme frei, so ist das Flammenbild überall gut. Durch das Aufsetzen des Topfes tritt aber bei diesem Brenner ein so großer Stau der Abgase ein, daß der Luftzutritt zu den Innenflammen zu gering wird und ein Teil erlischt, ein anderer Teil zu schwelen beginnt. Die äußeren Flammen ziehen sich ebenfalls in die Länge und weisen nicht mehr den scharf begrenzten grünen Kern auf.

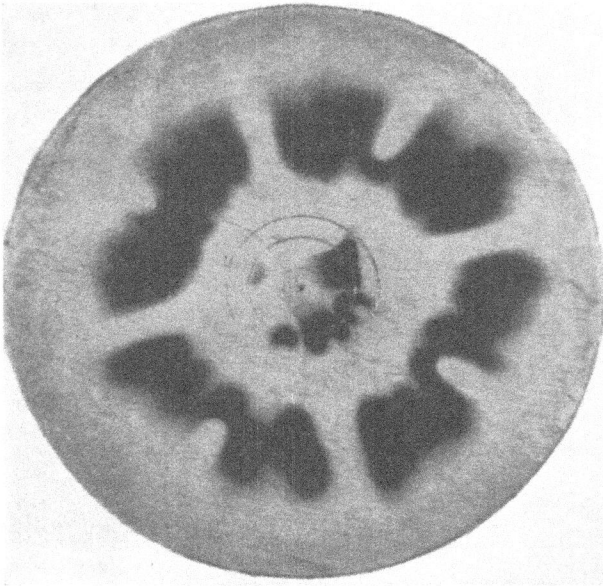

Abb. 29.
Einwirkung der Flamme eines Einfachbrenners auf Erlenholzfurnier.

Die Flammenverteilung läßt sich bei Kocherbrennern durch Aufnahme eines Flammenbildes auf Erlenholzfurnier kenntlich machen.

Abb. 27 zeigt die Wirkung der Flamme eines Einfachbrenners, die wie eine Scheibe unter dem Topf liegt. Die Verteilung von der Mitte aus ist sehr gut, die unbestrahlte Fläche unter der Topfbodenmitte ist sehr klein.

Abb. 28 zeigt die Wirkung der Flamme eines Doppelbrenners, ebenfalls mit gleichmäßiger Verteilung von der Mitte aus. Der Kocher hat einen sehr hohen Wirkungsgrad und ist hygienisch einwandfrei. Demgegenüber zeigt Abb. 29 die Wirkung der Flamme eines Einfachbrenners, bei dem durch den Innenhohlraum des Brennerkopfes Zweitluft eintreten soll. Der innere Flammenkranz liegt 3 mm höher als der äußere und ist steiler gegen den Topf gerichtet. Diese Flammen streichen an der einen Hälfte gegen den Boden, an der gegenüberliegenden Hälfte sind sie durch die Abgase der anderen Flammen vollkommen erstickt. Deutlich ist ferner erkennbar, daß die Topfträger stark in die äußeren Flammen hineinreichen. Die Wärmeeinwirkung ist sehr schwach.

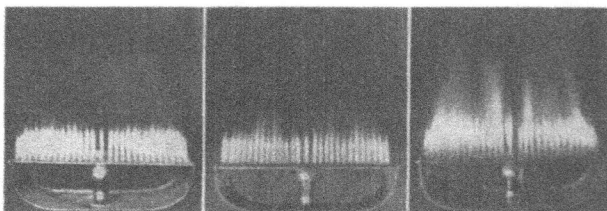

Abb. 30. Leuchtflammen von Warmwasserbereitern bei richtiger und falscher Einstellung.

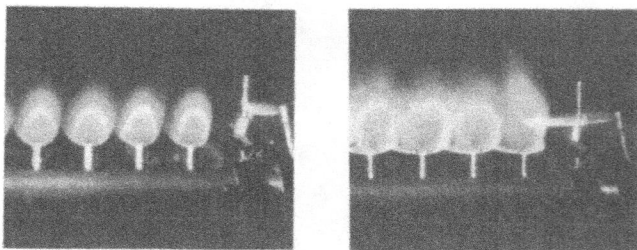

Abb. 31.
Leuchtflammen von Heizöfen bei richtiger und falscher Einstellung.

Bei Rostbrennern in Warmwasserbereitern brennen die Flammen bei richtiger Einstellung gleichmäßig hoch (Abb. 30). Die schlechte Verbrennung, wie sie die rechte Abbildung zeigt, kann durch zu hohen Gasdruck oder durch Verrußung des Lamellenkörpers verursacht sein, also durch falsche Einstellung oder auch durch behinderten Abzug der Abgase. Die Verbrennungsluft kann nicht in ausreichendem Maße an die Flammen herantreten.

Ähnliche Erscheinungen treten bei den Brennern für Heizöfen auf (Abb. 31 und 32). Die Abbildung rechts zeigt gleichfalls die bei falscher Einstellung unscharfe Flamme, die bestrebt ist, sich in die Länge zu ziehen und sich mit einem Schleier umgibt.

Besondere Beachtung ist der Anordnung und Einstellung der Zündflamme zuzuwenden. Sie muß groß
genug sein und nahe genug an die

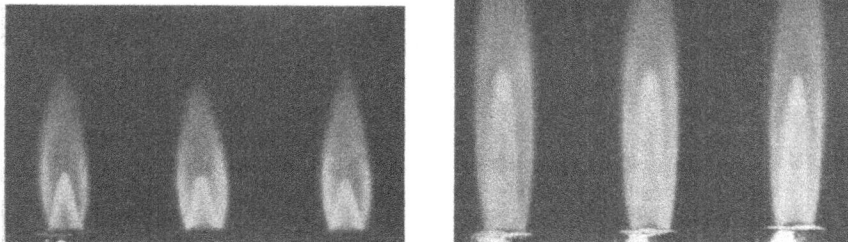

Abb. 32.
Bunsenflammen von Heizöfen bei richtiger und falscher Einstellung.

Brenneröffnungen schlagen, um ein sofortiges Zünden zu gewährleisten.
Ihre Verbrennungsprodukte dürfen aber die Verbrennung der benachbarten
Einzelflammen nicht stören. Zu große Zündflammen geben oft Anlaß
zu Kohlenoxydbildung.

Behandlung der Brenner.

Leuchtflammenbrenner verschmutzen vielfach nach längerer
Betriebsdauer. Man reinigt sie von Staub und Zunder durch eine weiche
Bürste. Ist das Flammenbild nicht mehr gleichmäßig, so sind die Bohrungen zu reinigen. Dies geschieht am besten nach Ausbau des Brenners
durch Ausblasen mit Preßluft. Die Reinigung einzelner kleiner Brenneröffnungen von Rostbrennern kann mit einem zugespitzten weichen Holz-
span erfolgen, da die Brennerbohrungen nicht erweitert werden dürfen.
Falsch wäre die Verwendung von Stahlbürsten oder Stahlnadeln usw.

Bei Bunsenbrennern mit Schiebern für die Regulierung der Erstluft
ist diese durch Betätigung des Schiebers so einzustellen, daß die oben
beschriebene charakteristische Flamme entsteht. Die Schieber sollen feststellbar sein und so liegen, daß ihre Öffnungen nicht verstopft werden
können. Genaue Einstellung eines jeden Bunsenbrenners und Reinhaltung
aller seiner Teile ist für das richtige Brennen von größter Wichtigkeit.

Brenner für entleuchtete Flammen verschmutzen bei zu starker Hahn-
schmierung oftmals durch Fetteilchen an der Düse, durch Überkochen der
Speisen bei Kocherbrennern am Brennerkopf. Bei Heizöfen kann Staub
die Düsen verstopfen oder es können auch abgesprungene Teilchen von
Glühkörpern auf den Brennerkopf fallen und die Öffnungen verengen.
Es empfiehlt sich deshalb, alle Warmwasserbereiter und Heizöfen jährlich

wenigstens einmal von einem zugelassenen Installateur nachsehen und
reinigen zu lassen.

Ziffer 5.
Wärmehöhe, Flammentemperatur.

Für die Wärmemenge, die 1 m³ Gas bei der Verbrennung ent-
wickelt, ist es vollkommen gleichgültig, ob es mit leuchtender oder entleuchteter Flamme, mit Luft oder mit Sauerstoff verbrannt wird. Die
strahlende Wärme der Flamme ist nicht vom Leuchten abhängig. Entleuchtete Flammen von hoher Temperatur können sogar mehr strahlende
Wärme aussenden als leuchtende Flammen. Die Wärmehöhe, d. h. die
Temperatur der Flamme, wird dagegen verschieden hoch, je nachdem
bei gleichbleibendem Gasverbrauch durch Erhöhung oder Verminderung
der Erstluftmenge eine kleinere oder größere Flamme erzeugt wird. Die
kleinere Flamme ist die heißere.

Ziffer 6.
Begriffserklärungen für wichtige Eigenschaften von Abgasen.

Die Abgase bestehen bei vollkommener Verbrennung aus Kohlensäure,
Stickstoff, Wasserdampf und — je nach Größe des Luftüberschusses —
aus einer größeren oder kleineren Luftmenge. Die erzeugten Kohlen-
säure- und Wasserdampfmengen je m³ Stadtgas sind für ein bestimmtes
Stadtgas immer gleich, ebenso die Stickstoffmenge, die aus der theoretischen oder Mindest-Verbrennungsluftmenge und dem Stadtgas selbst
herrührt.

Menge und prozentuale Zusammensetzung des nicht durch Überschußluft verdünnten, theoretischen Verbrennungsgases sind also für ein
bestimmtes Stadtgas ebenfalls immer gleich.

Die Überschußluft vermehrt die Abgase gegenüber dieser Menge des
theoretischen Verbrennungsgases und setzt den prozentualen Anteil an
Kohlensäure und Wasserdampf im umgekehrten Verhältnis der Volu-
menvermehrung herab.

Werden die wegen ihres Wasserdampfgehaltes feuchten Abgase stark
abgekühlt, so kondensiert der Wasserdampf und scheidet sich als flüssiges
Wasser (Niederschlag- oder Schwitzwasser) aus den Abgasen aus.

Bei Kondensation des gesamten Verbrennungswassers würde die
trockene Abgasmenge übrigbleiben, die nur aus Kohlensäure, Stickstoff und Überschußluft besteht.

Die trockene Abgasmenge ist aus dem Grunde von Interesse, weil
der Kohlensäuregehalt der trockenen Abgase sich ebenfalls durch den
Luftüberschuß verändert und weil man den Kohlensäuregehalt der trok-
kenen Abgase leicht bestimmen kann. Man verwendet daher den prozentualen Kohlensäuregehalt der trockenen Abgase als Maßstab für die

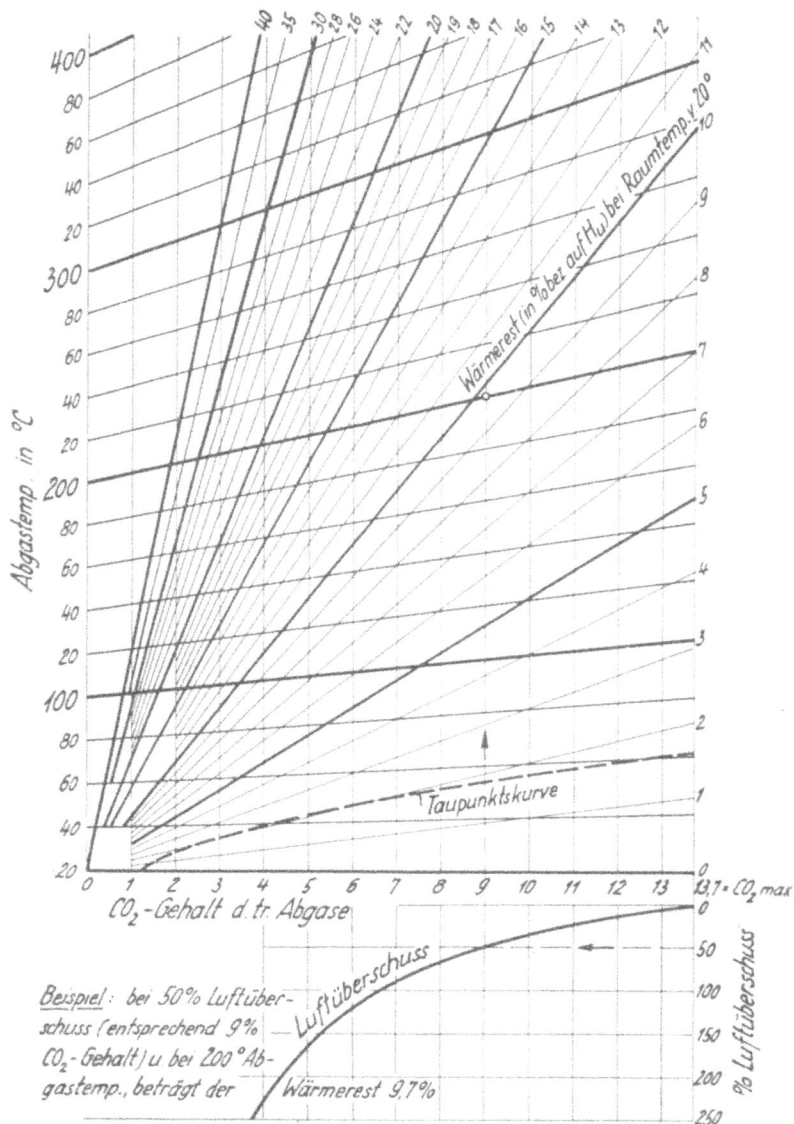

Abb. 33. Prozentualer Wärmerest in den Abgasen von Stadtgas bei verschiedenem CO_2-Gehalt (bzw. Luftüberschuß) der Abgase und bei verschiedener Abgastemperatur.

Beurteilung der Güte des Verbrennungsvorgangs und des Luftüberschusses.

Der Kohlensäuregehalt (% CO_2) der trockenen Abgase wäre am höchsten (CO_2 max.) bei Verbrennung ohne Luftüberschuß. Der Wert von CO_2 max. ist für typische Beispiele der verschiedenen Heizgase in Zahlentafel 1 angegeben. Ebenso enthält die Zahlentafel 1 die feuchte Abgasmenge (gemessen bei 100 und 150° C), die bei Verbrennung von 1 m³ des betreffenden Heizgases mit 50% Luftüberschuß entsteht.

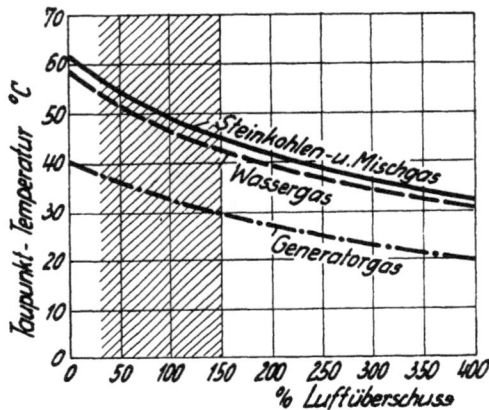

Abb. 34. Abhängigkeit des Taupunkts der Abgase vom Luftüberschuß. Die schraffierte Fläche ist das Gebiet des in der Praxis bei Gasfeuerstätten üblichen Luftüberschusses.

Die Beziehung zwischen Luftüberschuß und Kohlensäuregehalt der Abgase, ferner zwischen Kohlensäuregehalt und dem auf unteren Heizwert bezogenen prozentualen Wärmerest in den Abgasen (Abgasverlust) bei verschiedenen Abgastemperaturen ist für Stadtgas in Abb. 33 wiedergegeben.

Die bei der Verbrennung von 1 m³ Stadtgas entstehende Verbrennungswassermenge ist für ein bestimmtes Stadtgas ebenfalls immer gleich (s. Zahlentafel 1) und je nach dem Luftüberschuß verteilt sich diese in Dampfform über eine größere oder kleinere trockene Abgasmenge. Bei geringem Luftüberschuß ist daher der auf 1 m³ trockenes Abgas entfallende Feuchtigkeitsgehalt höher als bei großem Luftüberschuß. Solange die Abgase heiß sind, bleibt der Wasserdampf den Abgasen beigemischt. Bei Abkühlung der Abgase tritt teilweise Kondensation des Wasserdampfes ein. Die Temperatur, bei der bei Abkühlung der Abgase die Ausscheidung von flüssigem Wasser (Schwitzwasser) beginnt, heißt der Taupunkt. Dieser liegt beim Stadtgas zwischen etwa 45 und 55° C der Abgase (hängt vom

Luftüberschuß ab, vgl. Abb. 34). Wenn daher eine Ausscheidung von Ver-brennungswasser aus den Abgasen nicht eintreten soll, so ist dafür zu sorgen, daß sich die Abgase nicht unter den Taupunkt abkühlen können (vgl. Ziffer 26B).

Das Gewicht der Abgase im Verhältnis zum Gewicht der umgeben-den Luft spielt insofern eine wichtige Rolle, als infolge des Gewichtsunter-schiedes (Auftriebs) die warmen und deshalb leichteren Abgase in der schwereren Luft aufwärts steigen und von selbst abziehen. Die Abgase sind um so leichter, je höher ihre Temperatur ist. Die Zahlentafel 2 ent-hält Angaben über das Raumgewicht (d. h. das Gewicht von 1 m³) von Luft und von feuchten Abgasen (von Stadtgas) mittlerer Zusammen-setzung bei verschiedenen Temperaturen.

Zahlentafel 2.

Temp. °C	Raumgew. der Luft kg/m³	Raumgew. der Abgase*) kg/m³	Temp. °C	Raumgew. der Luft kg/m³	Raumgew. der Abgase*) kg/m³
— 20	1,387[1]	1,435	+ 160		0,792
— 10	1,342[1]	1,380	+ 180		0,758
± 0	1,290[1]	1,329	+ 200		0,726
+ 10	1,243[1]	1,280	+ 220		0,696
+ 20	1,197[2]	1,230	+ 240		0,669
+ 30	1,154[3]	1,180	+ 260		0,644
+ 40	1,109[3]	1,121	+ 280		0,620
+ 50		1,065	+ 300		0,599
+ 60		1,030			
+ 70		1,000			
+ 80		0,972			
+ 90		0,945			
+ 100		0,920			
+ 120		0,873			
+ 140		0,831			

[1] 100% rel. Feuchtigkeit.
[2] 80% rel. Feuchtigkeit.
[3] 60% rel. Feuchtigkeit.
*) Die Raumgewichte der Abgase unter-halb des Taupunkts sind jeweils bei voller Sättigung (also unter Berücksichtigung des ausfallenden Wasserdampfes) ange-geben.

Beispiel. Beträgt die Temperatur der Außenluft + 10° C, die mittlere Abgastemperatur im Schornstein 60° C, so wird pro m Schornstein-höhe 1,243—1,030 = 0,213 mm WS Auftrieb erzeugt. Bei 8 m Schorn-steinhöhe beträgt der Gesamtauftrieb 8 × 0,213 = 1,704 mm W-S

II. Gasgeräte.

(Bevor auf die verschiedenen Gasgeräte eingegangen wird, werden in der folgenden Ziffer 7 wichtige allgemeine Bezeichnungen und Erklärungen vorausgeschickt, die für alle Gasgeräte gelten und deren Kenntnis bei der Anwendung der Gasgeräte erforderlich ist.)

Ziffer 7.
Allgemeine Bezeichnungen und Erklärungen (Abb. 35).

1. Belastung eines Geräts ist die im Gas dem Gerät in der Minute zugeführte Wärmemenge (kcal/min), bezogen auf unteren Heizwert.

Die Belastung der Gasgeräte wird deswegen einheitlich in kcal/min angegeben, damit ein Vergleich aller Gasgeräte betreffs der zuzuführenden Wärme auf gleicher Grundlage gegeben ist und bei Anschluß mehrerer Gasgeräte an eine gemeinsame Gasleitung (wie z. B. bei der Gaseinrichtung eines Hauses) die Einzelbelastungen der verschiedenen Gasgeräte zu einer Gesamtbelastung einfach zusammengezählt werden können. Aus der Gesamtbelastung läßt sich der Gesamtanschlußwert (vgl. S. 35) einer solchen Gaseinrichtung in einfachster Weise bestimmen.

2. Grenzbelastung eines Gasgeräts ist die höchste Belastung in kcal/min, die aus gesundheitlichen, verbrennungstechnischen und wärmewirtschaftlichen Gründen sowie mit Rücksicht auf Festigkeit und Lebensdauer des Gerätes zulässig ist.

Die Feststellung der Grenzbelastung eines Geräts wird versuchsmäßig vorgenommen und geht aus den einschlägigen Bestimmungen der »Bau- und Prüfnormen« für die einzelne Gerätegattung hervor.

Z. B. versteht man bei nicht abzugspflichtigen Warmwasserbereitern unter Grenzbelastung diejenige Belastung, bei welcher die Verbrennung des Heizgases mit einem Luftüberschuß von nicht weniger als 24% erfolgt, der Kohlenoxydgehalt im luftfreien, trockenen Abgas 0,10% nicht überschreitet.

Bei abzugspflichtigen Warmwasserbereitern, die mit Stau- oder Rückstromsicherung ausgerüstet sein müssen, muß bei Grenzbelastung und normalem Auftrieb (50 cm nachgeschaltete Rohrstrecke) die Verbrennung des Heizgases mit einem Luftüberschuß von nicht weniger als 24% erfolgen und der Kohlenoxydgehalt darf im luftfreien trockenen Abgas 0,10% nicht überschreiten. Außerdem darf bei abgedeckten Abgasstutzen (Stau) oder bei Rückstrom bis 3 m/s im Abgasrohr der Luftüberschuß bei der Verbrennung 16% nicht unterschreiten und der Kohlenoxydgehalt im luftfreien trockenen Abgas 0,10% nicht überschreiten.

3. **Nennbelastung** ist die Belastung in kcal/min, auf die das Gerät eingestellt werden soll. Die Nennbelastung ist um einen die Druck- und Heizwertschwankungen des Stadtgases berücksichtigenden Betrag niedri-

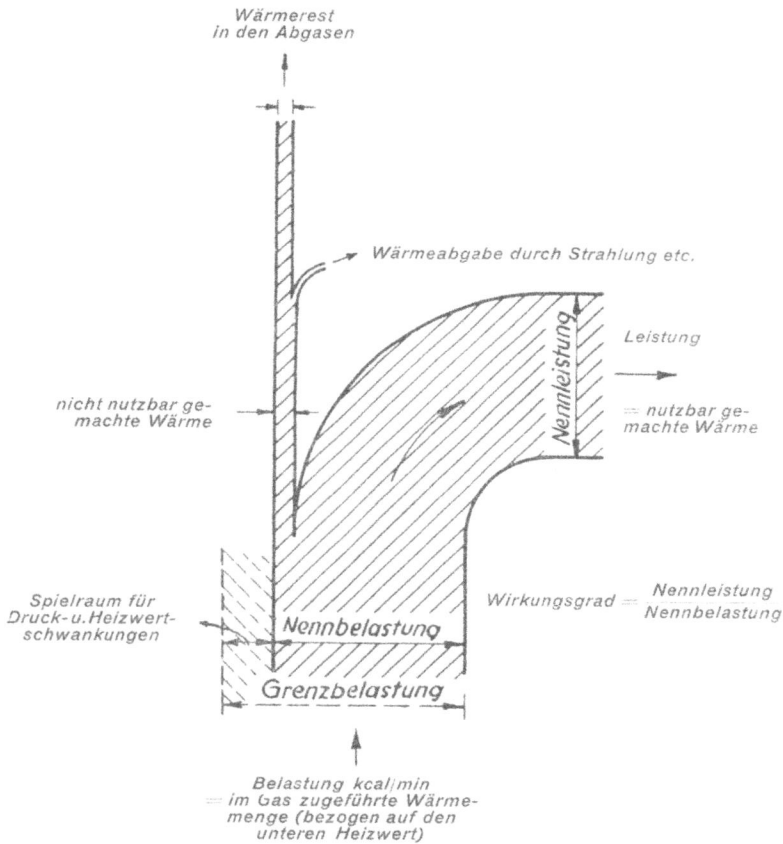

Abb. 35.

ger als die Grenzbelastung und richtet sich nach den einschlägigen Bestimmungen der Bau- und Prüfnormen für die einzelne Gerätegattung.

Z. B. darf bei Warmwasserbereitern die Nennbelastung höchstens 80% der Grenzbelastung betragen, soweit nicht ein Gasregler im Gerät eingebaut ist.

Die Nennbelastung eines Geräts ist stets ein Festwert.

3

Übersicht über den gegenseitigen Zusammenhang der in Ziffer 7 aufgeführten Begriffe.

Begriff	abgekürzte Bezeichnung	Dimension	ausgedrückt durch die Werte	formelmäßig
Belastung	B	kcal/min	Gasverbrauch[1]) in m³/h × unterer Heizwert[1]) in kcal/m³ / 60	$B = \dfrac{V \cdot H_u}{60}$
			oder: $\dfrac{\text{Leistung in kcal/min}}{\text{Wirkungsgrad}}$	$B = \dfrac{L}{\eta}$
			oder: $\dfrac{\text{Leistung in kcal/h}}{60 \times \text{Wirkungsgrad}}$	$B = \dfrac{L}{\eta}$
Leistung	L	kcal/min oder kcal/h	Belastung in kcal/min × Wirkungsgrad	$L = B \cdot \eta$
			oder: $\dfrac{\text{Gasverbrauch[1]) in m³/h × unterer Heizwert[1]) in kcal/m³}}{60} \times \text{Wirkungsgrad}$	$L = \dfrac{V \cdot H_u}{60} \cdot \eta$
			Belastung in kcal/min × 60 × Wirkungsgrad	$L = B \cdot 60 \cdot \eta$
			oder: Gasverbrauch[1]) in m³/h × unterer Heizwert[1]) in kcal/m³ × Wirkungsgrad	$L = V \cdot H_u \cdot \eta$
Wirkungsgrad	η		$\dfrac{\text{Leistung in kcal/min}}{\text{Belastung in kcal/min}}$	$\eta = \dfrac{L}{B}$
			oder: $\dfrac{\text{Leistung in kcal/h}}{\text{Belastung in kcal/min} \times 60}$	
Gasverbrauch[1])	V	m³/h	$\dfrac{\text{Belastung in kcal/min}}{\text{unterer Heizwert[1]) in kcal/m³}} \times 60$	$V = \dfrac{B}{H_u} \cdot 60$
unterer Heizwert[1])	H_u	kcal/m³		

[1]) Gemessen im Gebrauchszustand.

4. Leistung eines Geräts ist die durch das Gerät nutzbar gemachte Wärmemenge.

Die Leistung ist z. B. bei Warmwasserbereitern (Durchflußgeräte) die vom Wasser aufgenommene Wärmemenge, bei Raumheizgeräten die an den Raum abgegebene Wärmemenge usw.

5. Nennleistung ist die Leistung bei Nennbelastung.

6. Wirkungsgrad ist das Verhältnis der Leistung zur Belastung.

In praktischen Fällen wird der Wirkungsgrad bei Nennbelastung und im allgemeinen bei betrieblichem Beharrungszustand ermittelt (z. B. bei Warmwasserdurchlaufgeräten und Raumheizgeräten); bei Warmwasserspeichern gilt der Wirkungsgrad bei Aufheizung des Speicherinhalts von 10° C auf eine mittlere Temperatur von 65° C.

7. Anschlußwert eines Gasgeräts ist der Gasverbrauch in m³/h bei Nennbelastung unter Berücksichtigung des unteren Heizwertes des Stadtgases.

Der Anschlußwert eines Geräts ergibt sich in der Weise, daß man die Nennbelastung (in kcal/min) durch den unteren Heizwert eines m³ Stadtgases (im Gebrauchszustand) dividiert und mit 60 multipliziert:

$$\text{Anschlußwert in m}^3/\text{h} = \frac{\text{Nennbelastung in kcal/min}}{\text{unteren Heizwert eines m}^3 \text{ Stadtgases}} \cdot 60.$$

Beispiel. Die Nennbelastung eines Geräts ist mit 450 kcal/min angegeben; der untere Heizwert des verwendeten Heizgases im Gebrauchszustand beträgt in einem Fall 3600 kcal/m³, in einem anderen Fall 3300 kcal/m³; der Anschlußwert errechnet sich im ersten Fall zu $\frac{450}{3600} \cdot 60 = 7,5$ m³/h, im zweiten Fall zu $\frac{450}{3300} \cdot 60 = 8,2$ m³/h.

Der Anschlußwert kann in dieser Weise errechnet oder unmittelbar aus Zahlentafel 3 für verschiedene untere Heizwerte des Stadtgases abgelesen werden.

8. Gasdruck. Der Gasdruck ist verschieden, je nach dem Zustand des Stadtgases, unter dem gemessen wird, und je nach der Stelle, wo gemessen wird. Man hat zu unterscheiden (vgl. Abb. 36):

1. Ruhedruck = der statische Druck bei nichtströmendem Gas, d. h. Gasdruck in mm WS für den Fall, daß das Gas an der Meßstelle nicht strömt,

2. Fließdruck = der statische Druck des strömenden Gases, d. h. der an einer bestimmten Stelle gemessene Druck in mm WS wenn das Gerät in Betrieb ist,

3. Anschlußdruck = Fließdruck am Gasanschluß des Geräts[1]),

---

[1]) *Angestrebt wird ein Anschlußdruck von 100 mm WS, wobei die Druckschwankungen an der Anschlußstelle nicht mehr als 10% nach oben und 10% nach unten betragen sollen.*

Zahlentafel 3.

Umrechnungstafel von Belastung auf Anschlußwert bei verschiedenem unteren Heizwert des Gases im Gebrauchszustand.

Gasverbrauch in

Belastung in kcal/min	$H_u = 3200$ kcal/m³		$H_u = 3300$ kcal/m³		$H_u = 3400$ kcal/m³		$H_u = 3500$ kcal/m³		$H_u = 3600$ kcal/m³		$H_u = 3700$ kcal/m³		$H_u = 3800$ kcal/m³		$H_u = 3900$ kcal/m³		$H_u = 4000$ kcal/m³	
	l/min	m³/h	l/min	m³/h	l/min	m³/h	l/min	m³/h	l/min	m³/h	l/min	m³/h	l/min	m³/h	l/min	m³/h	l/min	m³/h
50	15,6	0,936	15,2	0,913	14,7	0,883	14,3	0,859	13,9	0,834	13,5	0,810	13,2	0,792	12,8	0,768	12,5	0,750
100	31,2	1,87	30,3	1,81	29,4	1,76	28,6	1,72	27,8	1,67	27,0	1,62	26,3	1,58	25,6	1,54	25,0	1,50
150	46,8	2,81	45,5	2,73	44,1	2,64	42,8	2,57	41,7	2,50	40,5	2,43	39,5	2,37	38,5	2,31	37,5	2,25
200	62,4	3,74	60,7	3,64	58,8	3,53	57,2	3,43	55,6	3,34	54,0	3,24	52,6	3,16	51,3	3,08	50,0	3,00
250	78,2	4,70	75,8	4,55	73,5	4,41	71,5	4,28	69,5	4,17	67,5	4,05	65,8	3,95	64,1	3,84	62,5	3,75
300	93,8	5,63	91,0	5,46	88,3	5,30	85,7	5,14	83,4	5,00	81,0	4,87	79,0	4,74	77,0	4,62	75,0	4,50
350	110	6,60	106	6,36	103	6,18	100	6,00	97,3	5,84	94,5	5,67	92,2	5,53	89,7	5,38	87,5	5,25
400	125	7,50	121	7,26	118	7,08	114	6,85	111	6,66	108	6,48	105	6,30	103	6,18	100	6,00
450	141	8,45	136	8,16	132	7,93	129	7,75	125	7,50	122	7,32	119	7,14	116	6,97	113	6,78
500	156	9,36	152	9,12	147	8,83	143	8,58	139	8,34	135	8,10	132	7,93	128	7,68	125	7,50
550	172	10,3	167	10,0	162	9,72	157	9,42	153	9,20	149	8,95	145	8,70	141	8,47	138	8,28
600	188	11,3	182	10,9	176	10,6	171	10,3	166	10,00	162	9,73	158	9,48	154	9,25	150	9,00
650	203	12,2	197	11,8	191	11,5	186	11,2	181	10,9	176	10,6	171	10,3	167	10,00	163	9,78
700	219	13,1	212	12,7	206	12,4	200	12,0	195	11,7	189	11,3	184	11,0	180	10,8	175	10,5
750	234	14,0	227	13,6	221	13,3	214	12,8	209	12,5	203	12,2	197	11,8	192	11,5	188	11,3
800	250	15,0	242	14,5	237	14,2	229	13,7	223	13,4	216	13,0	211	12,7	205	12,3	200	12,0
850	266	16,0	258	15,5	250	15,0	243	14,6	237	14,2	230	13,8	224	13,4	218	13,1	213	12,8
900	281	16,9	273	16,4	265	15,9	257	15,4	250	15,0	243	14,6	237	14,2	231	13,9	225	13,5
950	297	17,8	288	17,3	279	16,7	272	16,3	264	15,8	257	15,4	250	15,0	244	14,7	238	14,3
1000	313	18,8	303	18,2	294	17,6	286	17,2	278	16,7	270	16,2	263	15,8	256	15,4	250	15,0

Zahlentafel 3 — Fortsetzung.

Be-lastung in kcal/min	$H_u =$ 4100 kcal/m³		$H_u =$ 4200 kcal/m³		$H_u =$ 4300 kcal/m³		$H_u =$ 4400 kcal/m³		$H_u =$ 4500 kcal/m³		$H_u =$ 4600 kcal/m³		$H_u =$ 4700 kcal/m³		$H_u =$ 4800 kcal/m³	
	l/min	m³/h	l/min	m³/h	l/min	m³/h	l/min	m³/h	l/min	m³/h	l/min	m³/h	l/min	m³/h	l/min	m³/h
						Gasverbrauch in										
50	12,2	0,73	11,9	0,715	11,7	0,70	11,3	0,68	11,0	0,66	10,8	0,65	10,7	0,64	10,4	0,625
100	24,3	1,46	23,8	1,43	23,4	1,40	22,6	1,36	22,0	1,32	21,6	1,30	21,4	1,28	20,8	1,250
150	36,5	2,20	35,7	2,15	35,1	2,10	33,9	2,00	33,0	1,98	32,4	1,95	32,1	1,92	31,2	1,875
200	48,6	2,90	47,6	2,85	46,8	2,80	45,2	2,72	44,0	2,64	43,2	2,60	42,8	2,56	41,6	2,500
250	60,8	3,65	59,5	3,58	58,5	3,50	56,5	3,40	55,0	3,30	54,0	3,25	53,5	3,20	52,0	3,125
300	73,0	4,40	71,5	4,30	70,2	4,20	67,8	4,10	66,0	3,96	64,8	3,90	64,2	3,84	62,4	3,750
350	85,0	5,10	83,3	5,00	81,9	4,90	79,1	4,75	77,0	4,62	75,6	4,55	74,9	4,48	72,8	4,375
400	97,0	5,85	95,2	5,70	93,6	5,60	90,4	5,45	88,0	5,28	86,4	5,20	85,6	5,12	83,2	5,000
450	109	6,60	107	6,44	105	6,30	102	6,10	99,0	5,94	97,2	5,85	96,3	5,76	93,6	5,625
500	122	7,30	119	7,15	117	7,00	113	6,80	110	6,60	108	6,50	107	6,40	104	6,250
550	134	8,00	131	7,87	129	7,70	124	7,50	121	7,26	119	7,15	118	7,04	114	6,875
600	146	8,80	143	8,60	140	8,40	136	8,15	132	7,92	130	7,80	128	7,68	125	7,500
650	158	9,50	155	9,30	152	9,10	147	8,85	143	8,58	140	8,45	139	8,32	135	8,125
700	170	10,20	167	10,00	164	9,80	158	9,50	154	9,24	151	9,10	150	8,96	146	8,750
750	182	11,00	179	10,73	176	10,50	170	10,20	165	9,90	162	9,75	161	9,60	156	9,375
800	194	11,70	190	11,44	187	11,20	181	10,90	176	10,56	173	10,40	171	10,24	166	10,000
850	207	12,40	202	12,15	199	11,90	192	11,60	187	11,22	184	11,05	182	10,88	177	10,625
900	219	13,15	214	12,87	211	12,60	203	12,25	198	11,88	194	11,70	193	11,52	187	11,250
950	231	13,90	226	13,60	222	13,30	215	12,90	209	12,54	205	12,35	203	12,16	198	11,875
1000	243	14,60	238	14,30	234	14,00	226	13,60	220	13,20	216	13,00	214	12,80	208	12,500

4. Brennerdruck = Fließdruck am Brenner; er wird z. B. bei Warmwasserbereitern an dem Meßstutzen zwischen Gasarmatur des Geräts
   und Brenner gemessen,
5. Druckverlust in der Armatur = Druckunterschied zwischen An-
   schluß- und Brennerdruck.

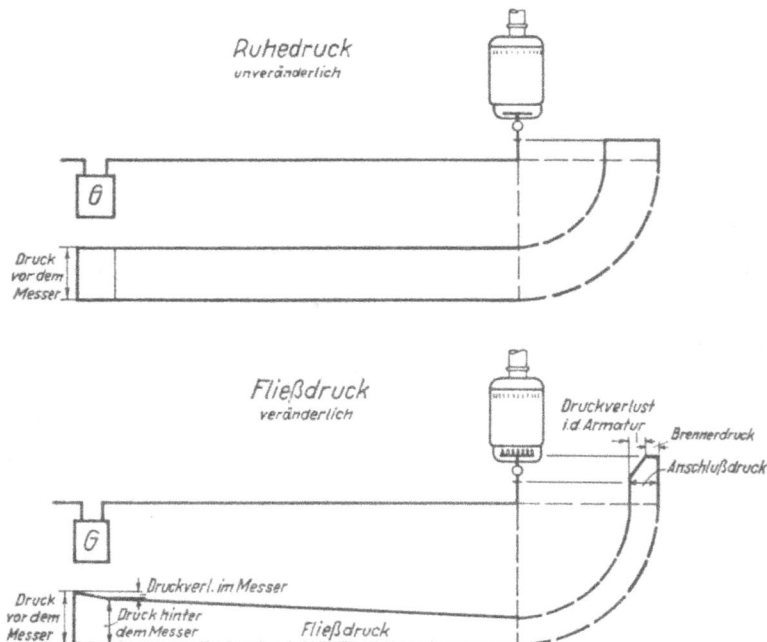

Abb. 36.

9. Kennzeichnung des Geräts. Auf den Gasgeräten, mit Aus-
nahme von Kochern, Bratöfen und Herden, muß in Zukunft angegeben
werden:
   1. Name der herstellenden Firma oder Firmenzeichen,
   2. Normbezeichnung[1]) des Gasgerätes,
   3. Nennbelastung des Geräts in kcal/min,
   4. außerdem die Nennleistung des Geräts, soweit sie sich bei den
      verschiedenen Gerätearten angeben läßt oder sonst eine zusätzliche
      Angabe, die für die praktische Verwendbarkeit des Gasgeräts
      von Bedeutung ist z. B.:

---

[1]) *Bezüglich Normbezeichnung der Gasgeräte sind die Arbeiten des Gasgeräteausschusses noch nicht zum Abschluß gebracht.*

bei Warmwasserbereitern (Durchlaufgeräten) die Nennleistung
in kcal/min,

bei Warmwasserbereitern (Speichergeräten) die nutzbar zu spei-
chernde Wassermenge in Litern,

bei Heizkesseln die Wärmeleistung in kcal/h,

bei Raumheizgeräten die Heizleistung in kcal/h.

10. Einstellung der Geräte. Aus der Angabe der Nennbelastung
auf dem Gerät läßt sich der Anschlußwert d. i. der Gasverbrauch, auf
den das Gasgerät in einem bestimmten Versorgungsgebiet einzuregeln ist,
in der angeführten Weise (Ziffer 7, Pos. 7) bestimmen. Die Installateure
können von den Gaswerken den mittleren unteren Heizwert eines m³ Gases
im Gebrauchszustand für das Versorgungsgebiet erfahren. Die Gaswerke werden auch eine Umrechnungstabelle ähnlich der Zahlentafel 3 für
die Umwandlung von Belastung in Anschlußwert = Gasverbrauch für den
mittleren unteren Heizwert des Stadtgases ihres Versorgungsgebiets heraus-
geben; eine solche Umrechnungstabelle eines Gaswerks braucht jedoch
nur für einen, und zwar den mittleren unteren Heizwert des abgegebenen
Stadtgases aufgestellt, also jeweils nur für das eigene Versorgungsgebiet
zugeschnitten zu sein. Die Installateure können dann aus einer solchen Tabelle ohne Umstände den Anschlußwert, d. h. den am Gasmesser abzu-
lesenden Gasverbrauch eines Geräts bestimmen und die Geräte richtig
einstellen.

Die Einstellung der Gasgeräte soll auf ein einwandfreies Flammenbild
zur Zeit des Höchstdruckes, mit Ausschluß der Druckwelle erfolgen. Meist
werden das die Abendstunden sein.

11. Katalogangaben. Wird von den Gerätefirmen in ihren Katalogen
außer der Nennbelastung in kcal/min eines Geräts noch der Anschlußwert
zur Orientierung hinzugefügt, so ist hierfür ein Gas mit einem unteren
Heizwert von 3600 kcal/m³ zugrunde zu legen. — Das Gas von 3600
kcal/m³ unterem Heizwert im Gebrauchszustand (15° C, mit Wasserdampf
gesättigt, 760 mm QS Barometerstand) entspricht etwa einem Normalgas mit einem oberen auf 0/760 tr. red. Heizwert von 4300 kcal/m³.
— Bei den Angaben des Gasverbrauchs in Katalogen ist zu bemerken,
daß ein Stadtgas von 3600 kcal/m³ unterem Heizwert zugrunde gelegt ist.
Zahlenmäßig muß daher die Nennbelastung kcal/min in Katalogen stets
gleich dem 3,6fachen des Gasverbrauchs in l/min bzw. dem 60fachen des
Anschlußwertes in m³/h sein.

12. Bemessung der Rohrleitungen. Aus der auf dem Gerät angegebenen Nennbelastung eines Geräts wird mittels Zahlentafel 3 der Anschlußwert in m³/h und aus dem Anschlußwert und der Länge der Gasleitung und Verhältnisse nach Zahlentafel A[1]) der Technischen Vorschriften und Richtlinien »Versorgung von Gebäuden mit Niederdruckgas« Ziffer 4 ermittelt.

---

[1]) Siehe Fußnote S. 40 f.

Beispiel. Die Belastung eines Warmwasserbereiters sei auf dem Geräteschild mit 450 kcal/min angegeben. Der untere Heizwert des Gases betrage 3400 kcal/m³. In Zahlentafel 3 [S. 36] findet man für diese Verhältnisse einen Gasverbrauch von 7,9 m³/h (= 132 l/min). Beträgt die Länge der Gasleitung 10 m, so ergibt sich nach Zahlentafel A eine Rohrweite von 1¼'' (zulässiger Gasverbrauch bis 8,7 m³/h).

[1])

Zahlentafel A.

Innenleitungen.

Länge der Leitung in m	Nennweite der Rohrleitung in mm									
	10	13	20	25	32	40	50	70	80	100
	Nennweite der Rohrleitung in Zoll									
	³/₈	½	³/₄	1	1¹/₄	1¹/₂	2	2¹/₂	3	4
	Zulässiger Gasverbrauch in m³/h									
2	1,35	2,44	5,55	10,00	20,0	32,5	73,8	143,3	218,7	433,2
3	1,05	1,96	4,65	8,60	16,2	26,5	60,3	117,0	178,6	353,7
4	0,86	1,70	4,10	7,60	13,7	23,0	52,2	101,4	154,7	306,3
5	0,74	1,52	3,65	6,90	12,4	20,5	46,7	90,7	138,3	274,0
7	0,56	1,26	3,10	5,80	10,4	17,4	39,5	76,6	116,9	231,5
10	0,41	1,00	2,55	4,75	8,7	14,5	33,0	64,1	97,8	193,7
15	0,28	0,72	1,95	3,75	7,1	11,9	27,1	52,4	79,9	158,2
20	0,21	0,54	1,55	3,10	6,2	10,3	23,4	45,3	69,2	137,0
25	0,17	0,44	1,30	2,70	5,4	9,2	20,9	40,5	61,9	122,5
30	0,14	0,38	1,10	2,40	5,0	8,4	19,1	37,0	56,5	111,9
35	0,12	0,33	0,95	2,20	4,6	7,8	17,7	34,3	52,3	103,5
40	0,10	0,28	0,80	2,05	4,3	7,3	16,5	32,1	48,9	96,9
50	—	0,22	0,65	1,85	3,8	6,5	14,8	28,6	43,8	86,6
60	—	0,16	0,55	1,70	3,6	5,9	13,5	26,2	39,9	79,1
70	—	0,10	0,45	1,60	3,3	5,5	12,5	24,2	37,0	73,2
80	—	—	0,35	1,50	3,1	5,1	11,7	22,8	34,6	68,5
90	—	—	0,30	1,40	3,0	4,9	11,0	21,4	32,7	64,6
100	—	—	0,25	1,30	2,8	4,6	10,4	20,3	31,0	61,3

Die Zahlentafel A gilt für normalen Druck von mindestens 40 mm WS hinter dem Gasmesser.

Für die Ermittlung des Gasverbrauchs der anzuschließenden Geräte ist mit folgenden Anschlußwerten zu rechnen:

beim Kocher für Normalbrenner . .	0,45 m³/h
» Starkbrenner . . .	0,65 »
» Bratofen	0,75 »
» Herd	2,5 »
» kleinen Warmwasserbereiter . .	2,5 »
» Badeofen	6,0 »
» Warmwasserautomaten . .	6,0—8,0 »
» kleinen Heizofen	0,5 »
» Heizofen	2,0 »
bei Beleuchtung	0,1 m³/h je Flamme.

Ziffer 8.
Gasgeräte für die Speisebereitung.

In dem Bestreben, für die Gasherde allmählich Baunormen herauszubilden, sind für gewisse Maße und die Ausbildung gewisser Teile Richtlinien ausgegeben worden. In den Prüfnormen sind Richtlinien für die Ausgestaltung der Brenner und gewisse hygienische Forderungen enthalten. Die Kochteile müssen den Vorschriften des DVGW für die Untersuchung von Gaskochern und Kochteilen der Gasherde für den Haushalt entsprechen.

Nach den Konstruktionselementen unterscheidet man:

I. Gaskocher (Kochteil der Herde),
II. Gasbrat- und Backofen,
III. Gasherde.

Zu I. Gaskocher und Kochteil des Herdes.

Allgemeines. Je nach der Anzahl der Kochstellen, die ein Gaskocher besitzt, unterscheidet man:

Ein-, Zwei-, Drei- und Mehrlochkocher (Abb. 37).

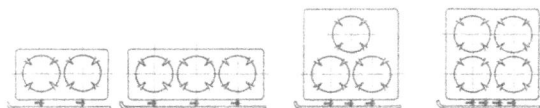

Abb. 37.

Der Kocher (Abb. 38) besteht aus:

a) Kochplatte,
b) Kochplattenrahmen,
c) Abtropfblech,
d) Schmutzblech,
e) Hahnrohr,
f) Brennerhahn,
g) Kochbrenner.

Ist die bekannte Länge der Leitung und der in Frage kommende Gasverbrauch in der Zahlentafel A nicht enthalten, dann ist der Rohrdurchmesser aus den nächstgelegenen höheren Zahlen zu bestimmen. Bei der Berechnung ist von dem Gasgerät auszugehen, das der Leitungslänge nach die größte Entfernung vom Gasmesser hat. Die senkrechte Anschlußleitung muß wenigstens den Durchmesser des Anschlußstutzens am Gerät besitzen, darf aber folgende Weiten nicht unterschreiten:

beim Kocher und Herd . . . 20 mm (³/₄'')
» Badeofen . . . . 25 » (1'')
» Warmwasserautomaten . 25 » (1'')
» Heizofen . . . . 20 » (³/₄'')
» kl. Heizofen . . . . . . 13 » (½'').

In vorhandenen Kleinwohnungen kann im Einvernehmen mit dem Gaswerk für den Anschluß von Kochern 13 mm (½'') l. W. gewählt werden.

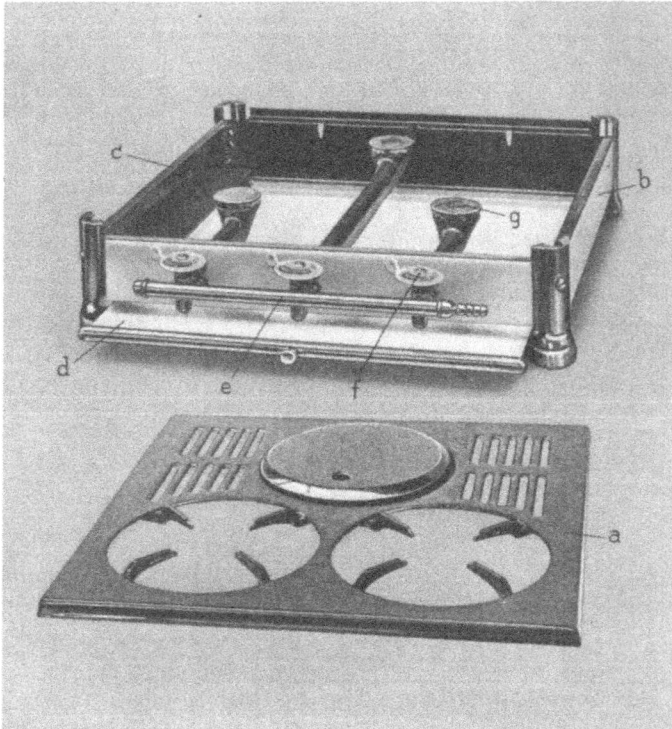

Abb. 38. Kastenkocher.

Abb. 39. Gußkocher.

Brennereinsätze und Brennerdeckel dürfen miteinander nicht fest verbunden sein, müssen aber in ihrer Lage einwandfrei festgehalten werden. Brenner und Brennerstege müssen so eingesetzt sein, daß sie unabsichtlich nicht verschoben werden können. Die Brenner werden unterschieden in Normalbrenner und Starkbrenner, die kleinstellbar sein müssen. Das Flammenbild muß gleichmäßig sein. Brenner gleicher Leistung, gleichen Fabrikats und gleichen Typs müssen austauschbar sein. Die Belastung für den Normal- und Starkbrenner wird in kcal/min angegeben und hat für die verschiedenen Brenner folgende Werte:

	Volle Flamme		Kleingestellt	
	Nenn-belastung kcal/min	Anschluß-wert (bei $H_u = 3600$) etwa m³/h	Belastung kcal/min	Gas-verbrauch (bei $H_u = 3600$) etwa m³/h
Normalbrenner . .	25—28	0,42—0,47	3,3—4,2	0,055—0,070
Starkbrenner . . .	38—42	0,63—0,70	4,5—5,3	0,075—0,090

Die Düsen sämtlicher Brenner müssen auswechselbar oder einstellbar sein. Die Handhabung der einstellbaren Düse darf nur durch einen Fachmann erfolgen können.

Luftregelung.

Drosseleinrichtungen im Mischrohr sind verboten; zugelassen sind rückschlagsichere, kleinstellbare Brenner ohne besondere Luftregulierung und Brenner mit Luftregelung. Bei diesen soll die Regelung sichtbar, leicht zugänglich und feststellbar sein, so daß sie gegen unbeabsichtigtes Verstellen geschützt ist. Sie soll in genügend weiten Grenzen einstellbar sein. Die Luftregelung ist leicht zugänglich am freien Ende des Mischrohres beim Hahn anzubringen, und eine Verschmutzungsgefahr muß ausgeschlossen sein.

Verbindung der Gaskocher mit der Gasleitung.

Die Verbindung der Gaskocher mit der Gasleitung soll mit Rohr (Stahlrohr, Messingrohr, Aluminiumrohr sowie biegsames Metallrohr) erfolgen.

Im übrigen wird auf die Verfügungen der Länder verwiesen.

Rohrweiten der Anschlußleitungen für Gaskocher.

Die Rohrweiten müssen betragen:
    für Ein- und Zweilochkocher . . . . . 13 mm (½″)
    » Drei- und Mehrlochkocher . . . . . 20 mm (¾″).
In die Anschlußleitung ist ein besonderer Absperrhahn einzubauen.

Über jedem Absperrhahn vor einem Kochgerät ist ein Schild mit folgender Aufschrift anzubringen: »Nach Gebrauch des Gasgeräts ist dieser Hahn sofort zu schließen.«

Sogenannte »Gassparer«[1].

1. Drosseleinrichtungen im Mischrohr.

Diese Vorrichtungen werden meist in Form von zusammengerolltem, feinmaschigem Drahtnetz oder spiralartig gewickeltem Draht oder auch in Form von Metallhülsen u. ä. in die Mischrohre von Kocher- und Bratofenbrennern eingesetzt. Als Folge tritt unvollkommene Verbrennung des Gases ein, die einen sehr unangenehmen Geruch erzeugt und auch zu gesundheitlicher Schädigung führen kann. Eine wesentliche Verbesserung des Wirkungsgrades der Geräte ist hierdurch nicht zu erzielen.

2. Brenneraufsätze.

Unter Brenneraufsätzen versteht man Brennerköpfe oder deren Teile, die in vorhandene Brenner eingebaut werden.

Die Brenneraufsätze weisen nach übereinstimmenden praktischen Erfahrungen folgende wesentlichen Mängel auf:

Gewöhnlich sind sie aus ungeeignetem Material (Blech, Drahtgewebe mit Kieselsteinen, nicht hitzebeständige Legierungen) hergestellt.

Die Abdichtung an dem Mischrohr des ursprünglichen Brenners mit Hilfe ungeeigneter Dichtungsmittel ist niemals dauernd gasdicht.

Es besteht keinerlei Gewähr, daß der richtige Abstand des Topfes von den Brennlöchern eingehalten wird. Das hygienische Verhalten der mit Brenneraufsätzen versehenen Kocher ist daher selten einwandfrei.

Am bedenklichsten ist, daß die Brenneraufsätze wahllos auf veraltete und auch neuzeitliche Gaskocherbrenner aufgesetzt werden. Die modernen Kocher werden hierdurch namentlich in ihrer Regelfähigkeit, Kleinstellbarkeit und somit Betriebssicherheit sowie öfter auch in ihrem hygienischen Verhalten ungünstig beeinflußt.

Durch ihren Einbau wird fernerhin die Kleinstellflamme ausgeschaltet. An Stelle einer Gasersparnis wird vielmehr eine Gasverschwendung eintreten.

Die Brennlöcher liegen meistens ungeschützt, so daß die Flamme durch überkochende Speisen leicht verlöscht und dann unverbranntes Gas ausströmt.

Der Kocher kann bei nicht befriedigendem Arbeiten des veränderten Brenners nicht wieder in den ursprünglichen Zustand gebracht werden

3. Einbaubrenner für veraltete Kocher.

Zuzulassen ist nur der Einbau neuer, den normengemäßen Anforderungen genügender ganzer Brenner in ältere Kocher und Herde. Als ganzer

[1] *Vgl. auch GWF Jahrgang 1929 Heft 21 S. 510.*

Brenner gilt jeder Brenner, bei welchem alle für das Arbeiten wichtigen Einzelteile einschließlich Düse und Hahn vorhanden sind (s. GWF 1929 Heft 21).

Der Einbau soll nur von solchen Personen vorgenommen werden, die nach Maßgabe der »Richtlinien für die Zulassung von Installateuren« (s. GWF. 1929 Heft 3) zur Ausführung von Gasanlagen befugt sind.

Zu II. Brat- und Backöfen.

Allgemeines. Der Gasanschluß für Gasbrat- und Backöfen soll tunlichst mit gasdichter Verschraubung fest sein und mindestens 13 mm l. W. haben.

Brat- und Backöfen können mit Thermometern ausgestattet werden, welche die Innentemperatur anzeigen, oder auch mit selbsttätigen Temperaturreglern versehen werden, die eine Regelung der Gaszufuhr von Hand während des Backvorganges entbehrlich machen.

Der normale Brat- und Backofen (vgl. auch Abb. 42) besteht aus:

a) Bratofenkasten, also den Außenwänden, der Decke, dem Boden und der durch Federkraft geschlossenen Tür,

b) den Innenteilen, die folgende Abmessungen haben sollen:

Breite . . . . 330 mm fest,
Höhe . . . . 220 mm wenigstens.
Tiefe . . . . 470 mm wenigstens.

Die Einschubteile haben folgende Maße:

Breite . . . . 325 mm fest
Länge . . . . 465 mm fest.

Im übrigen ist über einzelne Teile folgendes zu sagen:

c) Bratofenboden (falls vorhanden). Dieser muß ohne Werkzeuge herausnehmbar und austauschbar sein.

d) Bratofen-Einschubleisten. Diese sind U-förmig zu gestalten. Sie müssen herausnehmbar und austauschbar sowie rechts und links verwendbar sein.

e) Der Brennerboden soll eine schädliche Hitzeausstrahlung auf die zur Aufstellung des Gerätes dienende Unterlage verhindern. Er kann auch durch eine Fettfängerschale ersetzt werden.

f) Die Bratofentür muß einflügelig nach unten aufklappbar sein und darf keine Verriegelung erhalten. Tür und Türteile müssen mit Werkzeug leicht auswechselbar sein. Die Tür muß wrasendicht schließen und in der Ganzoffenstellung und in der Ganzgeschlossenstellung im stabilen Gleichgewicht sein.

g) Bratofenbrenner sind als Einröhrenbrenner und Zweiröhrenbrenner gebräuchlich. Die Brenner müssen nach Entfernung des Bratröhrenbodens zur Reinigung zugänglich sein. Die Bratofenbrenner müssen leicht anzuzünden sein und sofort sichtbar durchzünden. Sie können feststehend (Abb. 40a und b) oder schwenkbar (Abb. 40c) eingebaut werden.

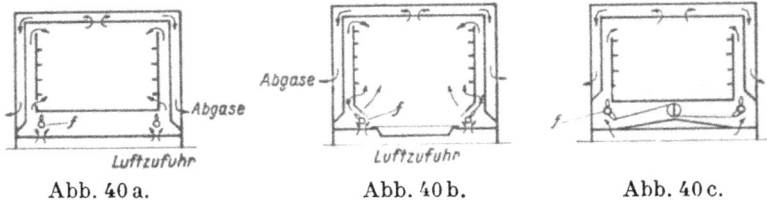

Abb. 40 a.   Abb. 40 b.   Abb. 40 c.

Die Zweitluftführung der Bratofenbrenner ist derart zu gestalten, daß ein Einsaugen von Abgasen anderer Brenner ausgeschlossen ist. Brat- und Grillbrenner des gleichen Bratofens dürfen nicht gleichzeitig benutzt werden können.

h) Die Abgasführung der Bratöfen (Abb. 40a bis 40c) ist derart auszubilden, daß die Kochflammen eines etwa über dem Bratofen angeordneten Kochers nicht durch die Abgase des Bratofenbrenners gestört werden.

Zu III. Gasherde.

Allgemeines. Sie sind eine Vereinigung von Gaskochern und Brat- und Backöfen und werden mit oder ohne seitliche Abstellplatten geliefert. Einige Ausführungsformen von Herden zeigt Abb. 41.

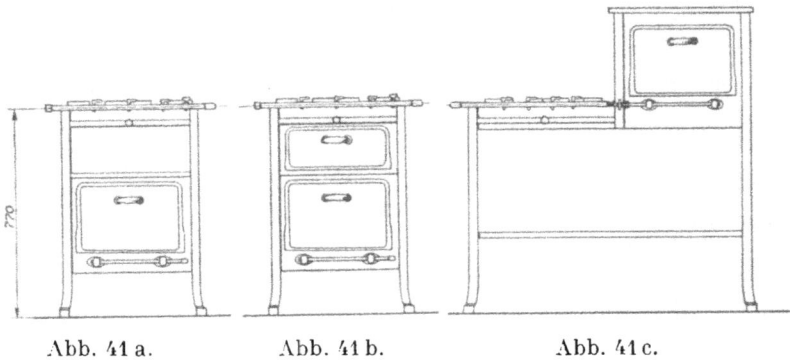

Abb. 41 a.   Abb. 41 b.   Abb. 41 c.

Das Anschlußmaß des Herdes von Fußbodenoberkante bis zur Achse des horizontalen Anschlußrohres beträgt 770 mm (Abb. 41). Bei Herden mit Brat- und Grillraum muß der lichte Mindestabstand von Oberkante Fußboden bis Unterkante Grillraum mindestens 100 mm betragen.

Die lichte Weite des Wandanschlußrohres und des Hahnrohres beträgt mindestens 13 mm, die der Anschlußleitung dagegen muß 20 mm

($3/4''$) betragen. Die Herde sind in allen Fällen fest mit Verschraubung anzuschließen, in die Anschlußleitung ist ein besonderer Absperrhahn einzubauen. Der Anschluß durch Schlauch, selbst nur vorübergehend, ist verboten.

Die Abstellplatten a (Abb. 42) können abnehmbar und austauschbar, fest mit der Herdplatte verbunden oder abklappbar sein. Im letzteren Falle darf das Gaszuführungsrohr das Abklappen der Abstellplatte nicht

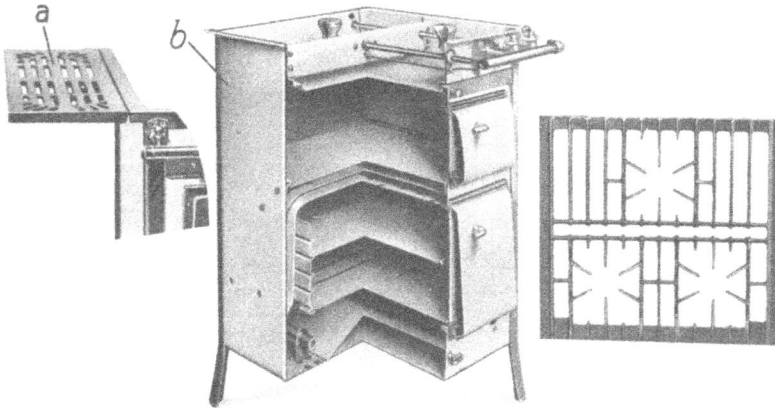

Abb. 42.

behindern. Die Abstellplatten müssen ohne Absatz mit der Herdplatte verlaufen und dürfen nicht abwärts hängen oder nach oben stehen.

Das Herdgestell b (Abb. 42) muß leicht zu reinigen sein.

Anschlußwert. Für die Berechnung der Gasleitung für vorgenannte Herde beträgt der Anschlußwert 2,5 m³/h.

Ziffer 9.

Waschgeräte.

Das Wäschewaschen bezweckt die Entfernung von Schmutz aus der Wäsche und meist auch gleichzeitig eine Desinfektion der Wäsche. Man bringt deswegen die Wäsche in eine aus Waschmitteln bereitete Waschlauge und benutzt deren chemische Wirkung, die durch Erhitzung noch verstärkt wird, zur Lösung des Schmutzes, der bei einer weiteren mechanischen Behandlung der Wäsche von dieser in die Lauge übergeht. Es hat sich gezeigt, daß die chemischen Vorgänge beim Waschen wichtiger sind als die Mechanik des Waschens. Letztere teilt man gewöhnlich in Handwaschverfahren und Maschinenwaschverfahren ein. Zur Entfernung des Schmutzes sind die verschiedenen Handwaschverfahren (Reiben zwischen den Handballen; Reiben auf dem Waschbrett; Bearbeiten mit der Bürste oder dem Wäschestampfer, ferner Schlagen der Wäsche) ziemlich gleichwertig. Bei den Maschinenwaschverfahren benutzt man unter anderem folgende Bewegungsvorgänge: Rühren der Wäsche in der Lauge; Durchfluten der Wäsche mit heißem Dampf oder Luft (Wäschesprudler); Durchspülen der Wäsche mit umgepumpter Lauge; Stampfen und Werfen der Wäsche in der Lauge; Wälzen der Wäsche in der Lauge (Trommelwaschmaschine).

Da der Erfolg des Waschens auch bei Anwendung des besten Waschverfahrens besonders von der chemischen Seite beim Waschvorgang abhängt, sind die wesentlichsten Gesichtspunkte, auf die es hierbei ankommt, im Anhang (S. 125) aufgeführt.

Waschkessel.

Die einfachste Form des Waschkessels ist der Waschtopf, dessen Inhalt auf offenem Gasfeuer (Gaskocher) zum Kochen gebracht wird (Abb. 43). Durch das Aufsetzen des Waschtopfes auf den Kocher darf

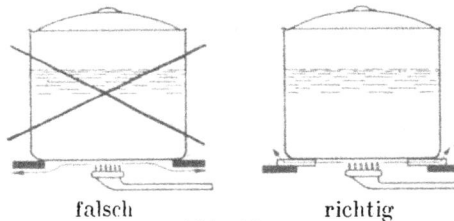

falsch   richtig

Abb. 43.

der Kochlochausschnitt nicht abgedeckt werden; die Abgase dürfen sich nicht stauen, da hierdurch Kohlenoxydbildung eintritt; sie müssen an den Wandungen des Waschtopfes hochsteigen können. Für größere Wäschemengen werden Waschkessel mit Blech- oder gemauerter Ummantelung verwendet (Abb. 44). Die Wäsche ruht mehr oder weniger und die Lauge bewegt sich bei dem durch ihre Erwärmung entstehenden natürlichen Kreislauf.

Bei Benutzung von Waschkesseln ist eine Bearbeitung der Wäsche von Hand erforderlich.

Der Rauminhalt größerer Waschkessel beträgt etwa 50 bis 125 l. Sie werden mit oder ohne wasserführende Mäntel gebaut. Das Fassungsvermögen der wasserführenden Mäntel liegt vielfach zwischen 40 und 60 l. Bei der Erwärmung des Wassers bis zum Sieden werden in guten Kesseln etwa 70 bis 80% der zugeführten Wärme (auf unteren Heizwert bezogen) nutzbar gemacht. Bei Kesseln mit wasserführenden Mänteln entfallen auf den Kessel selbst etwa 40 bis 55% und auf den wasserführenden Mantel

etwa 30—25 % der zugeführten Wärme. Ein Kessel, der nicht durch einen
Deckel abgedeckt ist, hat einen um etwa 15 % schlechteren Wirkungsgrad
als der gleiche Kessel, wenn das Wasser bei geschlossenem Deckel zum

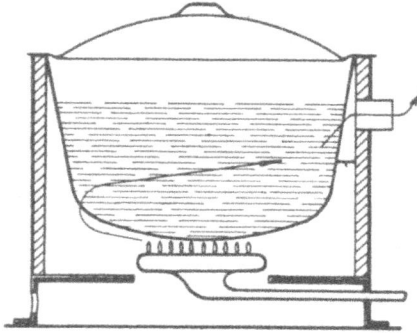

Abb. 44.   Waschkessel.

Sieden gebracht wird. Der Anschlußwert von Kesseln mittlerer Größe
beträgt etwa 2,5 bis 3 m³/h; zum Fortkochen werden etwa 0,6 bis 1,0 m³/h
Gas benötigt.

Wäschesprudler.

Eine Steigerung der Bewegung der Waschlauge bei ruhender Wäsche
erhält man durch den Einbau eines gelochten trichterförmigen Einsatzes

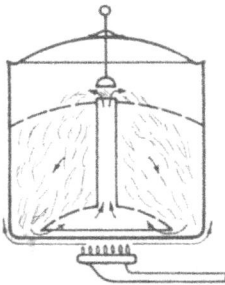   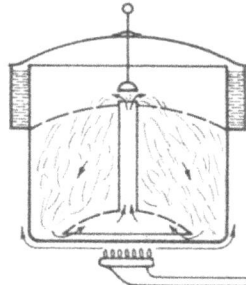

Abb. 45 a.   Abb. 45 b.
Wäschesprudler.

in den Waschtopf — Wäschesprudler (Abb. 45 a) —, der häufig noch mit
einer Vorrichtung zur Erwärmung des Spülwassers versehen ist (Abb. 45 b).

4

Bei richtiger Vorbehandlung der Wäsche ist ein Nachwaschen von Hand nur an besonders schmutzigen Stellen erforderlich.

Waschmaschinen.

Die einfachste Form der gasbeheizten Waschmaschine ist die von Hand betriebene Trommelwaschmaschine (Abb. 46), bei der eine zum Teil mit Wäsche gefüllte, durchlöcherte Blechtrommel oder -Kugel in eine mit Lauge gefüllte, von unten mit Gas beheizte Mulde eintaucht. Die Trommel besitzt häufig Längsrippen. Bei der Drehung der Waschtrommel wird die Wäsche gehoben und fällt wieder in die Lauge zurück. Heiße Waschlauge strömt durch die Löcher in die Trommel, und es wird so der gelöste Schmutz aus der Wäsche entfernt. Bei ordnungsmäßiger Vorbehandlung der Wäsche ist ein Nachwaschen von Hand nur an besonders schmutzigen Stellen erforderlich.

In größeren Haushaltungen, Hotels, Gemeinschaftswaschküchen usw. werden gasbeheizte Trommelwaschmaschinen nach Abbild. 47 mit maschinellem Antrieb verwendet. Solche Waschmaschinen sind durchweg mit Längsrippen versehen, welche bei der Drehung der Trommel — abwechselnd

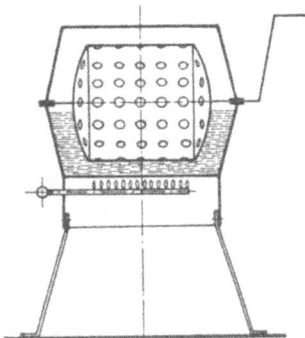

Abb. 46. Handbetriebene Waschmaschine.

rechts und links — die Wäsche mitnehmen und in die Waschlauge zurückfallen lassen. Die Trommel ist ebenfalls gelocht. Die wechselnde Drehrichtung verhindert ein Zusammenballen der Wäsche.

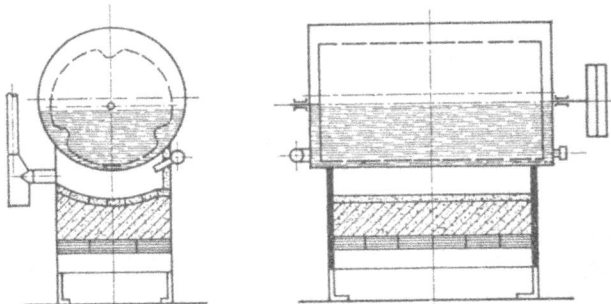

Abb. 47. Mechanisch angetriebene Waschmaschine.

In diesen großen maschinell angetriebenen Waschmaschinen wird die Wäsche eingeweicht, gewaschen und gespült. Bei ordnungsmäßigem Betrieb ist ein Nachwaschen von Hand nicht erforderlich.

Vergleichende Angaben über die Wirtschaftlichkeit einzelner Waschgeräte aus 6 unter möglichst gleichartigen Bedingungen unternommenen Waschversuchen mit 25 kg Trockenwäsche.

Geräte	geeignet für	Zeit-auf-wand h	Füllung der				Gasverbrauch	
			Wasch-maschine kg Tr.-W.	Wasch-trommel kg Tr.-W.	Wasch-kessel kg Tr.-W.	Schleu-der kg Tr.-W.	bei gesamter Tr.-W. m³	pro 1 kg Tr.-W. m³
1. Handwaschverfahren, gasbeh. Waschkessel m. wasserführ. Mantel	kleine einfache Familie	10¼	—	—	8,5	—	14,2	0,568
2. Gasbeh. Waschkessel m. wasserführ. Mantel u. Rührwerk im Kessel	Einfamilienhaus und Miethaus	6¾	—	—	8,5	—	13	0,520
3. Handbetriebene Trommelwaschmaschine gasbeheizt .	Miethaus und auch Einzelfamilie	6¾	—	3	—	—	8,2	0,328
4. Nicht beheizte Waschmasch. m. gasbeh. Waschkessel m. wasserführ. Mantel (Handbetrieb) . . .	Miethaus	9½	5	—	8,5	—	12,9	0,516
5. Nicht beh. Waschmaschine mit gasbeh. Kessel mit wasserführ. Mantel (elektr. Antrieb)	Miethaus	9	1,75	—	8,5	—	13,2	0,528
6. Trommelwaschmasch. gasbeh. mit elektr. angetriebener Schleuder und Hilfsgeräte .	Gruppenwaschküche und Gewerbe	5	—	12,5	—	6,25	12,6	0,504

4*

Bei Auswahl der Waschgeräte, die je nach Verwendungsort und -art und Beanspruchung zu erfolgen hat, ist besonders auf gute Ausführung in einem gegen Wasser und Laugen widerstandsfähigem Material (Kupfer oder verzinktes Eisenblech) zu achten. Vergleichende Angaben über die Wirtschaftlichkeit verschiedener Waschgeräte sind in umstehender Zahlentafel (S. 51) gemacht.

Anschluß der Waschgeräte.

Waschgeräte mit einem Gasverbrauch bis zu 2,5 m³/h, die nach ihrer Benutzung jedesmal einen anderen Standort erhalten, dürfen mit Schlauch an die Gasleitung angeschlossen werden, wenn die beiden Schlauchenden gegen Herabrutschen gesichert sind. Alle Waschgeräte mit einem Gasverbrauch von mehr als 2,5 m³/h müssen fest an die Gasleitung angeschlossen werden. Die lichte Weite der Gaszuleitung muß bei einem Anschlußwert bis zu 2,0 m³/h 13 mm (½″) betragen, darüber hinaus 20 mm (¾″). Bei größerem Gasverbrauch ist die Rohrweite nach Zahlentafel A der Technischen Vorschriften und Richtlinien »Versorgung von Gebäuden mit Niederdruckgas« (Seite 40) zu ermitteln.

Abführung der Abgase.

Die Verbrennung muß hygienisch einwandfrei sein. Ortsfeste Waschkessel mit untergebautem Brenner, ferner größere ortsfeste Waschmaschinen müssen eine Abgasabführung haben, d. h. an Abgasleitungen angeschlossen sein. Ortsveränderliche Waschgeräte und -maschinen mit geringem Fassungsvermögen, deren Gasverbrauch unter 2,5 m³/h liegt, dürfen auch ohne Abgasabführung betrieben werden, wenn sie in genügend großen und gut be- und entlüfteten Räumen benutzt werden. Eine allgemeine Regel hierfür kann aber wegen der Verschiedenheit des Anschlußwertes der Geräte und besonders wegen der verschiedenen Dauer der Ankochzeiten, die von dem Fassungsvermögen an Wasser abhängt, nicht gegeben werden. Bei Aufstellung derartiger Geräte ist diese Frage von Fall zu Fall vom zuständigen Gaswerk zu entscheiden.

Die Bauart oder Installation der anschlußpflichtigen Waschgeräte muß derartig ausgeführt sein, daß die Schornsteineinflüsse nicht störend auf den Verbrennungsvorgang einwirken können (vergl. Ziffer 26).

Zündflammen.

Alle Geräte mit einem Gasverbrauch von mehr als 2,5 m³/h müssen mit einer Zündflamme versehen sein, die zwangsläufig mit dem Haupthahn verriegelt ist. Bei Anlagen mit Münzgasmessern in Gemeinschaftswaschküchen muß die Zündflammenleitung vor dem Anschluß des Münzgasmessers abzweigen oder das Gerät muß eine geeignete Zündflammensicherung oder Druckmangelsicherung erhalten.

Ziffer 10.

Geräte für Trocknung und Formung der Wäsche.[1]

Mittel zur Entfernung des Wassers.

Zur Verringerung oder Entfernung des Wassergehaltes aus der Wäsche werden folgende Mittel angewendet:

1. Mechanische Mittel:

    a) Auswringen der Wäsche von Hand,
    b) Auswringen der Wäsche durch Wringmaschine,
    c) Auspressen der Wäsche mit Wäschepressen,
    d) Ausschleudern des Wassers in Zentrifugen.

2. Verdunsten des Wassers:

    a) In gewöhnlicher Luft,
    b) in vorgewärmter Luft,
    c) in Verbrennungsgasen.

3. Verdampfen des Wassers (durch Anpressen der feuchten Wäsche an heiße Flächen):

    a) Mittels Bügelmaschinen,
    b) mittels Handbügeleisen.

Die unter 1. aufgeführten Mittel dienen zur Entfernung der groben Feuchtigkeit; die unter 2. und 3. angegebenen Mittel werden zur weiteren Trocknung der Wäsche bis auf den gewünschten geringen Feuchtigkeitsgehalt angewendet.

Wassergehalt der Wäsche.

Der Wassergehalt ganz nasser (nicht ausgedrückter) Wäsche beträgt etwa 2,5 bis 3 kg Wasser auf 1 kg Trockenstoff. Dieser Wassergehalt ist durch die verschiedenen Trockenverfahren auf etwa 0,03 bis 0,05 kg Wasser auf 1 kg Trockenstoff zu bringen. Bei diesem geringen Wassergehalt hat die Wäsche den angestrebten »lufttrockenen« Endzustand erreicht. Aus der nachfolgenden Übersicht ist der Wassergehalt der Wäsche vor und nach Anwendung der verschiedenen Trockenverfahren, die entfernte Wassermenge und der hierzu benötigte Gasverbrauch ersichtlich. Die Werte sollen nur als Anhalt dienen, da Dicke, Webart und Stoffart der Wäsche einen gewissen Einfluß auf den Wassergehalt haben.

Der Wassergehalt der Wäsche wird herabgesetzt:

    durch Auswringen von Hand auf . . . . 1,5 kg
    durch Auswringen mit der Wringmaschine auf . 1,3 »
    durch Schleudern auf. . . . . 0,6 »

je kg Trockenstoff.

---

[1] *Vergl. auch GWF 1931, S. 1049 u. 1084.*

Für die weitere Trocknung und Formgebung ergibt sich:

| Verfahren | Wassergehalt in kg je kg Trockenstoff | | Entfernte Wasser- menge | Gasverbrauch bei $H_o = 4300$ zur Entfer- nung von 1 kg Wasser in m^3 | kcal/Nm³ je kg Trocken- stoff |
	vorher kg	nachher kg			
Trockenschrank	1,5 1,3 0,6	0,15	1,35 1,15 0,45	0,4	0,5 0,4 0,2
Bügelmaschine	0,6	0,04	0,56	0,28	0,16
Bügeleisen	0,15	0,04	0,11	0,4 ... 0,5	0,055

Geschleuderte Wäsche kann wegen ihres verhältnismäßig geringen Wassergehaltes (0,62 kg Wasser auf 1 kg Trockenstoff) in Bügelmaschinen sogleich trockengebügelt werden, soweit es sich um glatte Wäschestücke handelt. Die übrige geschleuderte Wäsche (insbesondere Leibwäsche), ferner Wäsche, die mit Hand oder Wringmaschine ausgewrungen ist, kann in gasgeheizten Trockenschränken bis auf den zum Bügeln mit Handbügeleisen erforderlichen Wassergehalt von etwa 0,15 kg Wasser/kg Trockenstoff getrocknet werden. Der Wassergehalt der mit Handbügeleisen zu bügelnden Wäsche soll etwa 0,14 bis 0,24 kg Wasser/kg Trockenstoff haben. Sehr trockene Wäsche wird bekanntlich vor dem Bügeln durch Einsprengen mit Wasser auf diesen Feuchtigkeitsgehalt gebracht. Die fertig gebügelte Wäsche hat etwa 0,04 kg Wasser/kg Trockenstoff.

Eine Haushaltswäsche von 5 Personen in 4 Wochen, die zu etwa 70 % aus glatter Wäsche, 30 % restlicher Wäsche (insbesondere Leibwäsche) besteht, beträgt etwa 25 kg Trockenwäsche.

Gasbeheizte Trockenschränke.

Ein Trockenschrank besteht aus der Heizvorrichtung, die gewöhnlich im Unterteil des Schranks untergebracht ist, aber auch außerhalb des Schrankes aufgestellt werden kann, aus dem nutzbaren Trockenraum, in dem die zu trocknende Wäsche an Stangen aufgehängt wird, und aus dem Abzug für die Abluft. Kleinere Schränke (Abb. 48) werden in ver-zinktem Eisenblech (auch doppelwandig mit eingelegtem Isolierstoff) oder Holz hergestellt. Zum Aufhängen der Wäsche sollen leichte Stangen oder Rohre aus verzinktem Eisenblech in großer Anzahl vorhanden sein, die schnell herausnehmbar sind und ebenso leicht wieder eingelegt werden können. Außerdem sollen die Stangen in verschiedenen Höhen im Schrank anzubringen sein, um den nutzbaren Schrankinhalt trotz der Verschieden-heit der Größe der Wäschestücke stets ganz mit Wäsche anfüllen zu können. Der Aufhängeraum für die Wäsche ist von dem Brennerraum durch ein Gitter aus Drahtgeflecht oder Streckmetall zu trennen, damit herunterfallende Wäsche nicht auf den Brenner fällt oder beschmutzt wird. Kleinere Trockenschränke sollen leicht und im ganzen transportabel sein. Bei größeren Trockenschränken sind die Vorrichtungen zum Wäscheaufhängen vielfach ausfahrbar (Kulissen-Trockenschrank).

Die Trocknung der Wäsche im Trockenschrank erfolgt durch Verdunsten des Wassers: die aus der Umgebung des Schranks oder aus dem Freien genommene Arbeitsluft wird auf eine höhere Temperatur gebracht;

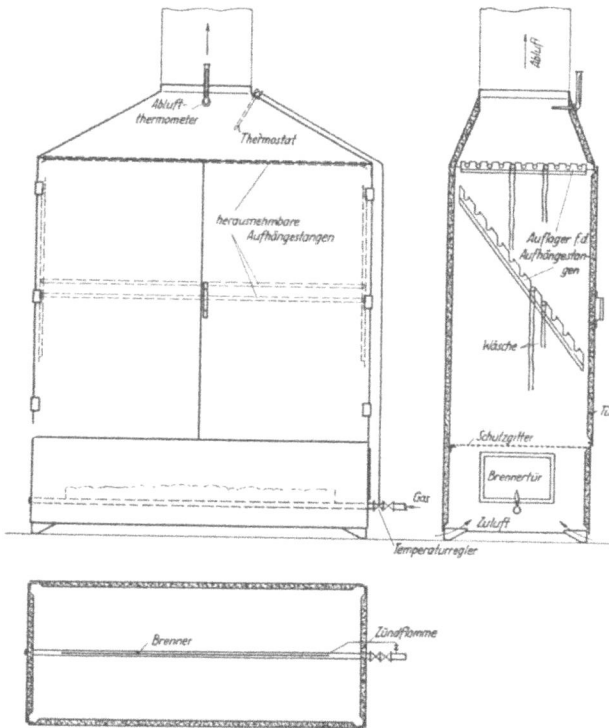

Abb. 48. Gasbeheizter Wäschetrockenschrank für den Haushalt.

die erwärmte Luft, die begierig Feuchtigkeit aufnimmt, streicht an der feuchten Wäsche vorbei, gibt dabei so viel Wärme an das Wasser ab, als zur Verdunstung der von der Luft aufgenommenen Wassermenge erforderlich ist und verläßt den Trockenschrank mit tieferer Temperatur, aber höherem Feuchtigkeitsgehalt, als sie vor dem Vorbeistreichen an der feuchten Wäsche hatte. Man kann die Arbeitsluft dadurch erwärmen, daß man sie an Wärmeaustauschflächen, die auf der einen Seite durch Gas beheizt werden, vorbeistreichen läßt (Abgase und Arbeitsluft kommen nicht unmittelbar in Verbindung — indirekte Heizung) oder daß man Verbrennungsgase und Arbeitsluft sich mischen läßt (direkte Heizung). Da die Verbrennungsgase des Heizgases ohne Rauch und Ruß sind und daher die Wäsche nicht verschmutzen können, kann die direkte Heizung in gleicher Weise wie die indirekte Heizung benutzt werden. Die direkte Heizung ist insofern im Vorteil, als der sonst vorhandene Abgasverlust, ferner jegliche Wärmeaustauschflächen hier fortfallen. Der Umstand, daß bei der direkten Heizung die Arbeitsluft durch das bei der Verbrennung entstehende Verbrennungswasser vorbelastet ist, hat wegen der großen Verdünnung der Verbrennungsgase durch Luft keine große Bedeutung. (Das Heizgas wird hier mit dem 7- bis 10fachen des theoretischen Verbrennungsluftbedarfs verbrannt; der CO_2-Gehalt der Abluft beträgt 1 bis 1,5%.) Zur Verdunstung von 1 kg Wasser benötigt man in guten Trockenschränken bei indirekter Heizung etwa 0,55 bis 0,60 m³, bei direkter Heizung etwa 0,38 bis 0,44 m³ Heizgas (H_o = 4300 kcal/Nm³).

Die Wärmebelastbarkeit eines gasbeheizten Trockenschranks hängt sehr davon ab, daß die Wärme gleichmäßig über den horizontalen Querschnitt des dicht behängten Schrankes zugeführt und durch den Schrank geleitet wird. Gleichmäßige Wärmeverteilung im Schrank vorausgesetzt, kann ein Gasverbrauch von 1,07 bis 1,3 m³/h (H_o = 4300 kcal/Nm³) — bezogen auf 1 m³ nutzbaren Trockenraum — zugelassen werden. Wegen der erforderlichen geringen Temperatur sind Leuchtbrenner am Platze. Sehr wichtig ist, daß die Brenner stets ganz durchzünden. Die Brennerkonstruktion muß darauf Rücksicht nehmen (Mindestabstand des Schutzgitters vom Brenner).

Die Trockendauer beträgt je nach Wassergehalt bei ausgewrungener Wäsche etwa 1½ h, bei geschleuderter Wäsche 30 bis 40 min.

Auf 1 m³ nutzbaren Rauminhalt eines dicht behängten Trockenschrankes kann man etwa 4 kg Trockenwäsche unterbringen, wenn für ausreichende Aufhängeeinrichtung gesorgt ist. Es genügt ein gegenseitiger Abstand der aufgehängten Wäschestücke von etwa 5 cm. Bei zu großem Wäscheabstand würde sich die Arbeitsluft nicht genügend hoch mit Feuchtigkeit sättigen und der Schrank unwirtschaftlich arbeiten.

Die Temperatur der Abluft soll nicht höher als 60 bis 70° C sein. Die Temperatur der Abluft ist für die Verfolgung des Trockenvorgangs sehr wichtig, weshalb im Abluftstutzen des Schranks stets ein Thermometer anzubringen ist. Das trifft deswegen besonders für gasbeheizte Trockenschränke zu, weil die Temperatur im Schrank gegen Ende des Trockenvorgangs ansteigt und bei nicht rechtzeitigem Abstellen der Gaszufuhr die Wäsche einer unzulässig hohen Temperatur ausgesetzt werden könnte. Deshalb sollte jeder gasbeheizte Trockenschrank auch mit Temperaturregler ausgerüstet werden in der Art, daß ein im Abluftstutzen gelegener Temperaturfühler die Gaszufuhr so beeinflußt, daß eine Temperatur von 75 bis 80° C im Abluftstutzen nicht überschritten werden kann.

Je m³ nutzbarer Trockenraum fallen stündlich etwa 70 m³ warme Abluft an, wofür ein freier Querschnitt von 120 cm² je m³ nutzbarer Trockenraum zum Abzug der Abluft zur Verfügung stehen sollte.

Bügelmaschinen.

Die Bügelmaschine besteht aus einer in einem Gestell gelagerten, durch Gas beheizten Mulde, in der sich ein mit Flanell oder anderem geeignetem Stoff bezogener, in der Höhe verstellbar gelagerter Zylinder bewegt (Abb. 49). Der Antrieb dieses Zylinders erfolgt zumeist mechanisch.

Das Wäschetrocknen geschieht dadurch, daß die feuchte Wäsche bei gleichzeitiger Drehung der Walze an die heiße gußeiserne Mulde gepreßt wird, wodurch das Wasser in der Wäsche verdampft wird. Mit einer Bügelmaschine kann geschleuderte Wäsche mit einem Wassergehalt von etwa 0,6 kg Wasser/kg Trockenstoff sogleich trockengebügelt werden. Die

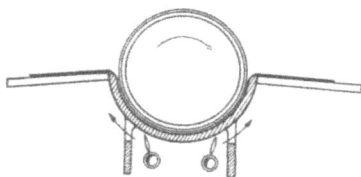

Abb. 49.

Ausnützung der zugeführten Wärme zur Verdampfung des Wassers ist etwa 58 % (bezogen auf unteren Heizwert). Zur Verdampfung von 1 kg Wasser sind bei einer Bügelmaschine etwa 0,28 m³ Gas ($H_o = 4300$ kcal/Nm³) erforderlich. Der Gasverbrauch mittelgroßer Bügelmaschinen (130 cm Walzenlänge, 20 cm Walzendurchmesser, 4100 cm² Bügelfläche) beträgt etwa 1,3 bis 1,5 m³/h. Eine solche Maschine bügelt in der Stunde rd. 10 kg Trockenwäsche und verringert dabei den Wassergehalt der Wäsche von 0,6 kg auf 0,04 kg Wasser/kg Trockenstoff.

Die Bügelmulde ist so auszubilden, daß die Abgase frei abziehen können, ohne die Verbrennung zu stören (Abb. 49).

Der CO-Gehalt im luftfreien trockenen Abgas muß unter 0,10 % liegen.

Bügeleisen.

Man unterscheidet je nach der Beheizung folgende Arten:

1. **Bügeleisen für Außenerhitzung.** Diese werden auf offener Gaskocherflamme unter Verwendung von Aufsteckbügeleisenerhitzern oder auf besonderen Außenerhitzern erwärmt.

2. **Bügeleisen für Innenerhitzung bei wechselweiser Beheizung.** Durch einen besonderen Brenner wird der Innenraum des Eisens erwärmt (Abb. 50). Zum ununterbrochenen Bügeln sind zwei Eisen erforderlich.

   Die Gasflamme darf nur zum ersten Erwärmen der Bügeleisen aus den Abzugslöchern herausbrennen, bei Weitererhitzen ist die Flamme so weit kleinzustellen, daß ihre Spitzen nicht mehr durch die Abzugslöcher brennen.

3. **Gasbügeleisen für Innenerhitzung bei dauernder Beheizung.** Der Hohlkörper des Bügeleisens wird durch einen regel-

baren Brenner, dem das Gas durch einen Schlauch zugeführt wird,
dauernd auf Bügelhitze erhalten (Abb. 51), so daß ein ununter-
brochenes Arbeiten möglich ist. Um eine Knickung des Schlauches
zu vermeiden, ist für den Schlauch eine Aufhängung vorzusehen,
die dem Bügelvorgang entsprechend elastisch nachgibt.

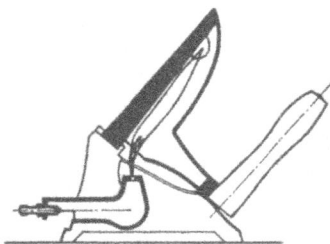   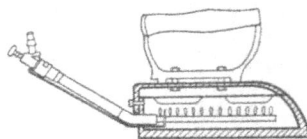

Abb. 50.   Abb. 51.

Mit einem Bügeleisen mittlerer Größe kann man bei dauernder Beheizung (Innenerhitzung) etwa 2,5 bis 5 kg Trockenwäsche in der Stunde
bügeln.

Gasverbrauch der Bügeleisen. Der Anschlußwert der Bügel-
eisenerhitzer für Außen- und Innenheizung beträgt 0,20 bis 0,25 m^3/h,
der von Bügeleisen mit Dauerheizung 0,12 bis 0,15 m^3/h.

Auf eine vollkommene Verbrennung des zugeführten Gases ist bei
allen Bügeleisen und Bügeleisenerhitzern besonders zu achten. Der CO-
Gehalt im luftfreien Abgas darf deshalb 0,10 % nicht überschreiten. Kommen
mehrere Schlauchbügeleisen in einem Arbeitsraum zugleich in Betrieb, so
ist für eine wirksame Be- und Entlüftung des Raumes zu sorgen.

Ziffer 11.
Warmwasserbereiter.

a) Warmwasserverbrauch.

Warmwasser wird besonders benötigt zur Körperpflege, zum Geschirrspülen, zum Wäschewaschen, zur Zimmerreinigung; Kochendwasser außerdem in größeren Mengen zur Bereitung von Getränken in Restaurants,
Kaffees, Kantinen usw.

Für die verschiedenen Zwecke können etwa folgende Wassermengen
und Wassertemperaturen angenommen werden (die jeweils etwa in Be-
tracht kommende Größe eines Durchlaufgeräts ist durch die hinzugefügte
Nennbelastung und Nennleistung des Geräts gekennzeichnet; der angegebene Anschlußwert — stündl. Gasverbrauch — bezieht sich auf ein Stadtgas von 3600 kcal/m^3 unteren Heizwert im Gebrauchszustand).

Für ein Vollbad:

Art der Wanne	Wasser menge etwa	Warm- wasser- tem- peratur	Passende Größe d. Warmwasser- bereiters (Durchlaufgeräts)			
			Nenn- leistung etwa	belastung etwa	Anschluß- wert etwa	Wasser- durchlauf- menge etwa
	l	°C	kcal/min	kcal/min	m³/h	l/min
Sparbadewanne aus Zinkblech oder Stuhlbadewanne.	90	35 bis 40	160	180	3,0	6
Gußeiserne Spar- badewanne . . .	130	»	240	270	4,5	9
Normale guß- eiserne Wanne .	180	»	320	360	6,0	12
Normale Zink- blechwanne. . .	200	»	360	410	6,8	13,5
Feuertonwanne .	250	»	440	500	8,3	16,5
Fliesenwanne . .	400	»	720	810	13,5	27,0

Für ein warmes Brausebad etwa 5 bis 12 l/min Wasser von 30 bis 40° C (Größe des Durchlaufgeräts etwa 300 kcal/min Nennbelastung, 5 m³/h Anschlußwert).

Für Geschirrspülen je Mahlzeit für eine Familie je nach deren Größe etwa 10 bis 20 l von 60° C.

Für die Füllung eines Beckens des Spültisches 10 bis 20 l von 60° C.

Für die Füllung eines Waschbeckens in Toiletten usw. 5 bis 10 l von 25 bis 40° C.

Werden mehrere Zapfstellen an einen Warmwasserbereiter ange- schlossen, so ist der Gesamtwasserbedarf unter Berücksichtigung der zeit- lichen Verteilung der Benutzung nach den örtlichen Verhältnissen zu wählen.

Die Kaltwassertemperatur in den Wasserleitungen kann vielfach im Mittel zu 10° C angenommen werden; sie kann nötigenfalls bei den Wasser- werken erfragt werden, da Temperaturschwankungen vorkommen können.

b) Die verschiedenen Gerätearten für Warmwasserbereitung und ihr Anwendungsgebiet.

I. Die verschiedenen Gerätearten. Die meist gebräuchliche Aus- führung der Warmwasserbereiter ist die mit getrennten Gas- und Wasser- wegen und offener Verbrennungskammer. Eine unmittelbare Berührung von Heizgasen und Wasser ist nicht möglich. Der Verbrennungsraum steht mit der Raumluft in Verbindung.

Für kleinere Warmwasserbereiter finden auch das offene und halb- offene System bei Vorhandensein kalkhaltigen Wassers Anwendung.

Bei Durchlaufgeräten wird das Wasser ausschließlich während des Durchlaufs durch das Gerät erwärmt (Abb. 52 u. 53).

Bei Speichergeräten wird ein Wasservorrat aufgeheizt und nach Bedarf entnommen (Abb. 54).

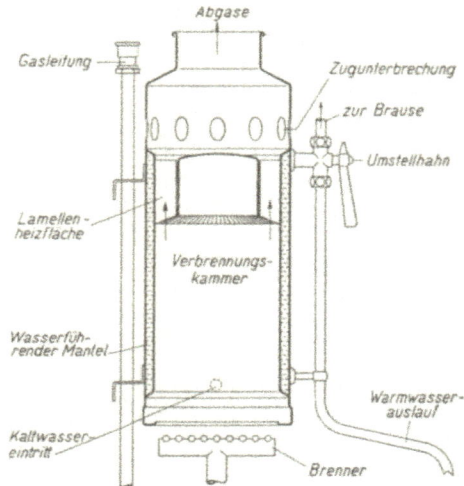

Abb. 52. Schemaskizze eines nichtdruck-
festen Durchlaufgeräts.

Beide Gerätearten werden als druckfeste und nichtdruckfeste Geräte mit und ohne Temperaturregelung des Wassers, ferner mit ungesicherter Armatur[1]) oder mit einfacher[2]) oder doppelter[3]) Hahnsicherung, oder mit Wassermangelsicherung[4]) oder mit Automatenarmatur[5]) hergestellt.

[1]) *Bei der ungesicherten Armatur fehlt jegliche gegenseitige Verriegelung der Hähne; die ungesicherte Armatur kommt nur selten und dann nur bei Geräten ganz geringer Leistung vor.*

[2]) *Die einfache Hahnsicherung besteht nur in einer Verriegelung des Gas-hahnes durch den Zündflammenhahn.*

[3]) *Bei der doppelten Hahnsicherung sind Gashahn, Wasserhahn und Zünd-flammenhahn miteinander verriegelt. Das Öffnen des Gashahnes ist nur möglich, wenn der Wasserhahn für den Durchfluß der Mindestwasser-menge und außerdem der Zündflammenhahn geöffnet sind.*

[4]) *Die Wassermangelsicherung ist eine Vorrichtung, die das Gasventil bei Unterschreiten der Mindestwassermenge selbsttätig schließt.*

[5]) *Bei der selbsttätigen Armatur wird das Gasventil durch Druckabfall im Wasserweg betätigt.*

Nicht druckfeste Geräte dürfen dem Wasserleitungsdruck nicht ausgesetzt werden. Die Vorrichtung zum Wasserabsperren liegt daher vor dem Gerät in der Kaltwasserleitung, die Ausflußleitung für Warmwasser muß immer offen sein. Die nicht druckfesten Geräte sollen einen Wasserdruck von 0,4 kg/cm² aushalten.

Druckfeste Durchlaufgeräte können dem vollen Wasserleitungsdruck ausgesetzt werden (Prüfdruck 12 kg/cm²). Der höchstzulässige Betriebsdruck bei druckfesten Speichergeräten soll 6 kg/cm² sein. Bei höheren Wasserleitungsdrücken ist bei letzteren eine Druckminderungs-

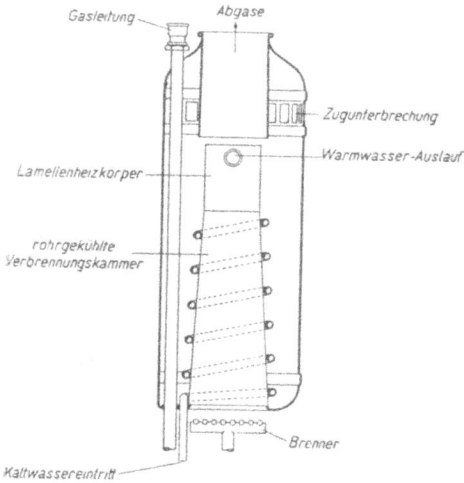

Abb. 53. Schemaskizze eines druckfesten Durchlaufgerätes.

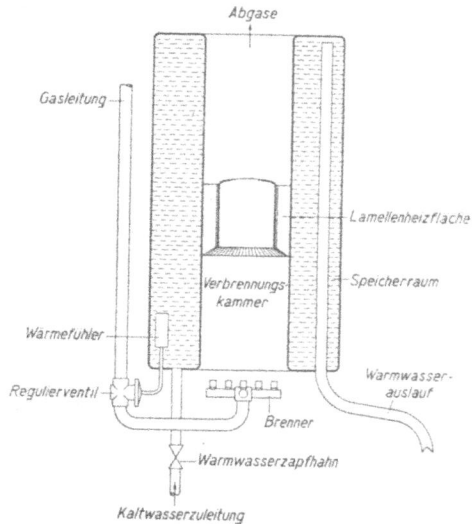

Abb. 54. Schemaskizze eines nicht-druckfesten Speichergeräts.

vorrichtung vorzuschalten. Die Vorrichtung zum Wasserabsperren liegt in der Regel bei druckfesten Geräten in der Warmwasserleitung, also hinter dem Gerät.

II. Anwendungsgebiet der verschiedenen Arten von Warmwasserbereitern.

Durchlaufgeräte liefern sofort bei Inbetriebnahme warmes Wasser und werden da verwendet, wo die Geräteleistung mit dem gleichzeitig benötigten Warmwasserbedarf in Übereinstimmung gebracht werden kann.

Nicht druckfeste Durchlaufgeräte (Abb. 52) dienen zur Speisung einer am Gerät selbst oder in der Nähe des Gerätes gelegenen Zapfstelle. Sie können durch einen nicht abschließbaren Umschalthahn auch zur Speisung mehrerer Zapfstellen tauglich gemacht werden, wenn kein nennenswerter Verteilungsdruck erforderlich ist. Die Benutzung dieser Geräte kommt in Frage für Bad und Haushalt. Geräte mit kleinerer Leistung sind zweckmäßig über Waschtischen und Spülbecken sowie für Friseure und Ärzte.

Druckfeste Durchlaufgeräte (Abb. 53) finden für die Versorgung einer Zapfstelle die gleiche Anwendung wie die nicht druckfesten. Sie müssen verwendet werden, wenn ein größerer Ausflußwiderstand zu überwinden ist. Druckfeste Durchlaufgeräte mit Automatenarmatur werden angewendet, wenn das Gerät von einer entfernt gelegenen Zapfstelle aus bedient werden soll, oder wenn gleichzeitig mehrere Zapfstellen von einem Gerät zu versorgen sind. (Also bei Warmwasserversorgung des ganzen Haushaltes, als Wärmequellen für Brausebäder usw.).

Speichergeräte werden dort verwendet, wo zu bestimmten Zeiten mit plötzlichem Bedarf einer großen Wassermenge zu rechnen ist, oder wo die Gasleitungen für den Anschluß eines Durchlaufgerätes zu schwach sind. Die Temperatur des aufgeheizten Warmwassers liegt im allgemeinen bei 60 bis 70° C, jedoch auch höher bis zur Siedetemperatur.

Nicht druckfeste Speichergeräte (Abb. 54) werden in der Regel an der Entnahmestelle angebracht. Sie dienen für Haushaltszwecke, für Krankenhäuser und Gaststätten, in geringerer Größe für Friseure, Ärzte, als Kochendwasserspeicher für Cafés, Hotelküchen, industrielle Betriebe.

Druckfeste Speichergeräte dienen den gleichen Zwecken wie die nicht druckfesten. Sie werden vornehmlich in Sonderfällen benutzt, wenn eine oder mehrere Zapfstellen in größerer Entfernung vom Gerät zu versorgen sind und wenn ein nennenswerter Verteilungsdruck erforderlich ist.

Warmwasserbereiter werden auch als Warmwasserheizkessel ausgeführt. Sie dienen als Zirkulationsautomat in Verbindung mit einem Vorratskessel (Boiler) für die Warmwasserversorgung eines Hauses, ferner als Zentralheizungskessel für die Warmwasserheizung (vgl. II Ziffer 13).

Direkt beheizte Badewannen dürfen nur in Ausnahmefällen angewendet werden. Sie müssen fest an die Gasleitung angeschlossen und die Abgase einwandfrei in den Schornstein abgeführt werden. Der CO-Gehalt des luftfreien trockenen Abgases darf 0,10% nicht überschreiten. — Bei verzinkten Badewannen mit direkter Heizung besteht die Gefahr der frühzeitigen Materialzerstörung durch Schwitzwasser.

Im übrigen wird hinsichtlich der Verwendungsmöglichkeit der verschiedenen zum Teil als Sondergeräte ausgebildeten Warmwasserbereiter auf die Druckschriften der einschlägigen Gerätefirmen verwiesen.

c) Bestimmung der erforderlichen Gerätegröße.

(Welche Leistungsfähigkeit muß das vorgesehene Gerät haben?)

Nach Auswahl der zweckmäßigsten Gerätegattung (s. Ziffer 11 b) ist die erforderliche Leistung des Gerätes festzulegen. Hierbei ist maßgebend:

die Menge des zu erwärmenden Wassers, die gewünschte Temperatur und besonders die Zeit, innerhalb welcher die Wassermenge auf die gewünschte Temperatur gebracht werden soll. Bei Durchlaufgeräten, welche für die Bereitung von Badewasser dienen, soll die Herstellung des Bades nicht länger als etwa 15 bis 20 min dauern, woraus sich als minutlicher Wasserdurchfluß $^1/_{15}$ bis $^1/_{20}$ der Wassermenge (s. Zahlentafel S. 59) für ein Vollbad (90 bis 250 l — vgl. Ziffer 11 a), also je nach Wannengröße 8 bis 18 l/min Wasser ergibt[1]).

Geräte für mehrere Zapfstellen sind unter Berücksichtigung der zeitlichen Verteilung ihrer Benutzung nötigenfalls entsprechend leistungsfähiger zu wählen. Größere Warmwasserbereitungsanlagen für Wohnungen oder Häuser sind stets von einem Fachmann besonders durchzurechnen.

d) Leistung, Belastung, Gasverbrauch.

Die minutliche Wasserdurchflußmenge multipliziert mit der gewünschten Temperaturerhöhung des Wassers ergibt die Wärmeleistung, aus der sich unter Berücksichtigung des Wirkungsgrades (etwa 90 bis 85% bezogen auf den unteren Heizwert, je nach Warmwassertemperatur) die Nennbelastung und daraus der Anschlußwert eines Gerätes ergibt; Zahlentafel 5 gestattet aus einer gewünschten Wasserdurchlaufmenge (l/min) und Warmwassertemperatur die Leistung, ferner die Nennbelastung und damit die erforderliche Größe des zu beschaffenden Durchlaufgeräts zu ermitteln. Aus der Belastung läßt sich mit Hilfe der Zahlentafel 3 (S. 36) der Gasverbrauch bestimmen. In Ziffer 11a sind die Größen der Durchlaufgeräte (ausgedrückt in verschiedener Nennleistung bzw. Nennbelastung), die unter mittleren Verhältnissen bei den verschiedenen Badewannen etwa in Frage kommen, angegeben.

Beispiel. 14 l/min Wasser sind von 10 auf 40° C zu erwärmen. Es ergibt sich hierfür nach Zahlentafel 5 ein Gerät mit einer Leistung von 420 kcal/min gleich einer Nennbelastung von 475 kcal/min, das Gerät hat hierbei nach Zahlentafel 3 einen Gasverbrauch von 140 l/min bei einem unteren Gasheizwert von 3400 kcal/m³. — Für diesen Fall wäre also ein Gerät zu wählen, dessen auf dem Gerät angegebene Nennbelastung mindestens 475 kcal/min und dessen angegebene Nennleistung mindestens 420 kcal/min beträgt.

e) Ausführung der Geräte, Anschlußweiten.

Für die Ausführung der Geräte sind die vom DVGW aufgestellten Bau- und Prüfnormen für Warmwasserbereiter maßgebend. Die in den Normen vorgesehenen Anschlußweiten sind in Zahlentafel 6 wiedergegeben.

---

[1]) *Wenn die Wassermenge, die ein Gerät in der Minute liefern soll, festgelegt ist, wird die erforderliche Leistung, die Nennbelastung und der Anschlußwert des Geräts nach Ziffer 11d bestimmt.*

Zahlentafel 5.

Ermittlung der Leistung und Belastung bei Warmwasserbereitern (Durchlaufgeräten).

Durchlaufende Wassermenge l/min	Erwärmung des Wassers von 10° C auf																					
	25°		30°		35°		40°		45°		50°		55°		60°		65°		70°		75°	
	Leistung kcal/min	Belastung kcal/min	Leistung kcal/min	Belastung kcal/min	Leistung kcal/min	Belastung kcal/min	Leistung kcal/min	Belastung kcal/min	Leistung kcal/min	Belastung kcal/min	Leistung kcal/min	Belastung kcal/min	Leistung kcal/min	Belastung kcal/min	Leistung kcal/min	Belastung kcal/min	Leistung kcal/min	Belastung kcal/min	Leistung kcal/min	Belastung kcal/min	Leistung kcal/min	Belastung kcal/min
6	90	100	120	135	150	170	180	205	210	240	240	275	270	310	300	345	330	385	360	420	390	460
8	120	135	160	180	200	225	240	270	280	320	320	365	360	415	400	460	440	510	480	560	520	610
10	150	170	200	225	250	280	300	340	350	400	400	460	450	515	500	580	550	640	600	700	650	765
12	180	200	240	270	300	340	360	405	420	480	480	550	540	620	600	695	660	770	720	840	780	920
14	210	235	280	315	350	395	420	475	490	555	560	640	630	725	700	810	770	895	840	985	910	1070
16	240	270	320	360	400	450	480	545	560	635	640	730	720	830	800	925	880	1025	960	1120	1040	1225
18	270	300	360	405	450	505	540	610	630	715	720	820	810	930	900	1040	990	1150	1080	1265	1170	1375
20	300	335	400	450	500	560	600	680	700	795	800	915	900	1030	1000	1155	1100	1280	1200	1400	1300	1530
22	330	370	440	490	550	620	660	745	770	875	880	1005	990	1135	1100	1270	1210	1410	1320	1545	1430	1680
24	360	400	480	535	600	675	720	815	840	955	960	1100	1080	1240	1200	1385	1320	1535	1440	1685	1560	1835
26	390	435	520	580	650	730	780	880	910	1035	1040	1190	1170	1345	1300	1500	1430	1660	1560	1825	1690	1990
28	420	470	560	625	700	785	840	950	980	1115	1120	1280	1260	1450	1400	1620	1540	1790	1680	1965	1820	2140
30	450	500	600	670	750	845	900	1015	1050	1190	1200	1370	1350	1550	1500	1730	1650	1920	1800	2100	1950	2295
32	480	535	640	715	800	900	960	1085	1120	1270	1280	1460	1440	1650	1600	1850	1760	2045	1920	2245	2080	2445
34	510	570	680	760	850	955	1020	1150	1190	1350	1360	1550	1530	1760	1700	1965	1870	2170	2040	2385	2210	2600
36	540	600	720	805	900	1010	1080	1220	1260	1430	1440	1645	1620	1860	1800	2080	1980	2300	2160	2525	2340	2750

Zahlentafel 6.
Genormte Anschlußweiten an Warmwasserbereitern.

Nennbelastung kcal/min		bis 115	116—225	226—340	341—450	451—675
Gas		$^3/_8''$	$^1/_2''$	$^3/_4''$	$1''$	$1^1/_4''$
Wasser	Für Stromautomaten kalt	$^3/_8''$	$^3/_8''$	$^3/_8''$	$^1/_2''$	$^1/_2''$
	warm	$^3/_8''$	$^3/_8''$	$^1/_2''$	$^1/_2''$	$^3/_4''$
	Für übrige Warmwasserbereiter kalt	Bleirohranschluß 10 mm	10 mm	$^3/_8''$	$^3/_8''$	$^1/_2''$
Entleerungsschraube		$^1/_8''$	$^1/_8''$	$^1/_8''$	$^1/_8''$	$^1/_8''$

f) Aufstellungsort der Warmwasserbereiter.

Der zweckmäßigste Platz für den Warmwasserbereiter wird durch folgende Gesichtspunkte bestimmt:

1. Lage des Schornsteines bei solchen Geräten, deren Abgase abgeführt werden müssen (der Schornstein muß vom Schornsteinfeger geprüft und freigegeben sein).
2. Aufteilung des Grundrisses der Wohnung (günstigste Lösung: Bad unmittelbar neben der Küche) und erforderliche Größe und Beschaffenheit des Aufstellungsraumes (möglichst frostfreie Lage).
3. Lage der meist benutzten Zapfstelle.
4. Lage der Entwässerung.
5. Lage der Gas- und Wasserleitung im Hause.
6. Beaufsichtigungsmöglichkeit.

Sämtliche Rohrleitungen für Gas, Wasser, Abwasser und Abgasabführung sollen möglichst kurz sein. Besonders ist auf kurze Abgasrohre zu achten (Aufstellung in der Nähe des Schornsteines); diese Forderung ist wichtiger als die Forderung nach kurzer Gas- oder Wasserleitung.

Hinsichtlich der Lüftungsverhältnisse ist bei der Aufstellung von Warmwasserbereitern folgendes von Wichtigkeit:

Bei der Verbrennung des Heizgases wird dem Raum — in gleicher Weise wie bei Geräten mit festen Brennstoffen — eine gewisse Luftmenge (z. B. bei Badeöfen etwa 6 bis 8 m³ in 15 bis 20 min) entzogen. Diese Luftmenge muß wieder ersetzt werden. Die durch die Umfassungswände eines Raumes und durch Undichtheiten an Fenster und Türen stets erfolgende Selbstlüftung ist meist zur schnellen Ergänzung der verbrauchten Luft

5

nicht ausreichend. Schließlich muß dafür gesorgt werden, daß die bei der Verbrennung entstehenden Abgase sich im Raume nicht zu sehr ansammeln können, obgleich ihre Zusammensetzung bei einwandfrei gebauten Gasgeräten hygienisch vollkommen unbedenklich ist.

Um die Selbstlüftung des Raumes zu fördern, ist es unter Umständen erforderlich, Be- und Entlüftungsöffnungen anzubringen. Diese Öffnungen dienen außer zur Lüftung des Raumes auch zur Förderung einer einwandfreien Abgasabführung; denn die Abgase würden nicht abziehen können, wenn nicht zugleich Luft in den Raum eintreten könnte (vgl. Ziffer 22).

Bei Geräten mit langer Benutzungsdauer und bei Geräten mit einer verhältnismäßig großen Nennbelastung sind die Abgase abzuführen.

In den einzelnen Fällen ist auf Grund eingehender Versuche nach folgenden Richtlinien zu verfahren:

Größere Warmwasserbereiter für eine Zapfstelle (Badeöfen) mit einer Nennbelastung von mehr als 340 kcal/min, entsprechend einer Nennleistung von mehr als 300 kcal/min, brauchen eine zusätzliche Be- und Entlüftungsvorrichtung nicht, wenn sie in Räumen aufgestellt werden, deren Inhalt mindestens das Dreifache des stündlichen Gasverbrauchs beträgt, aber nicht kleiner ist als 20 m³.

In Räumen mit weniger als 20 m³ bis zu 12 m³ Inhalt dürfen sie aufgestellt werden, wenn Öffnungen von etwa 100 bis 150 cm² freiem Querschnitt unten an der Tür oder an sonst geeigneter Stelle in der Nähe des Fußbodens und nahe der Zimmerdecke angebracht werden. Beide Öffnungen müssen nach demselben Raum führen (vgl. Abb. 55).

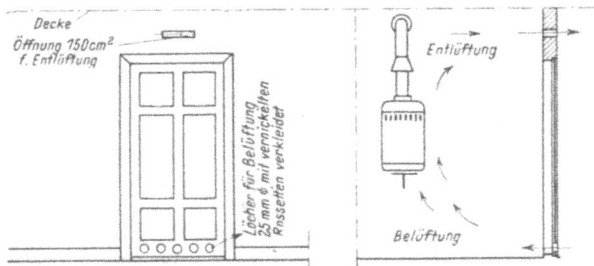

Abb. 55.

In Räumen kleiner als 12 m³ bis zu 10 m³ Inhalt dürfen Durchlaufgeräte nur bis zu einer Nennbelastung von 340 kcal/min, entsprechend einer Nennleistung von etwa 300 kcal/min, aufgestellt werden, vorausgesetzt, daß eine Badewanne von höchstens 120 l Gesamtfassungsvermögen verwendet wird und die oben bereits erwähnten Be- und Entlüftungsöffnungen zur Anwendung kommen.

Sofern die genannten Voraussetzungen (genügende Raumgröße, einwandfreie Abgasabführung, gute Lüftung) für eine einwandfreie Arbeitsweise des Warmwasserbereiters in kleinen Badezimmern nicht gegeben sind, ist von dessen Aufstellung im Badezimmer abzusehen.

Er ist dann in einem anderen Raum, in dem die genannten Schwierigkeiten nicht bestehen (z. B. in der Küche) aufzustellen und mit einem Umsteuerhahn in der Auslaufleitung auszurüsten. Statt dessen kann auch ein Gerät mit Automatenarmatur (Durchlaufautomat) verwendet werden.

Größere Warmwasserbereiter für mehrere Zapfstellen (zentrale Warmwasserversorgung in der Wohnung durch ein Gerät) sind möglichst in der Nähe derjenigen Zapfstelle anzubringen, die am häufigsten benutzt wird: das wird meist in der Küche sein. Sie sollen tunlichst nicht in Baderäumen zur Aufstellung kommen. Bei der Aufstellung ist besonders darauf zu achten, daß nicht nur in der Nähe ein Schornstein zur Abführung der Abgase zur Verfügung steht, sondern daß auch die Warmwasserleitungen vom Gerät bis zu den einzelnen Zapfstellen zur Vermeidung von Verlusten durch das in den Leitungen zurückbleibende Warmwasser möglichst kurz ausfallen. Dies gilt besonders für kurzzeitig benutzte Zapfstellen.

Geräte mit Automatenarmatur (für mehrere Zapfstellen) werden so hoch angeordnet, daß der Brenner gut beobachtet werden kann (Brenner etwa 140 cm über dem Fußboden); jedoch ist darauf zu achten, daß die Abgasinstallation noch genügend Platz zwischen Gerät und Zimmerdecke findet und bei vorhandenem Auftrieb im Schornstein (Zug) keine Abgase aus den Öffnungen der Zugunterbrechung bzw. Rückstromsicherung in den Raum austreten (vgl. Abschnitt III, Ziffer 26).

Badeöfen mit Nebenzapfstelle stellen praktisch einen Druckautomaten mit unmittelbarem Auslauf dar. Sie sollen nur verwendet werden, um die in unmittelbarer Nähe des Badeofens meist im Badezimmer selbst befindliche Zapfstelle für das Waschbecken mit zu bedienen. Einen derartigen Badeofen etwa als Ersatz für den Druckautomaten zur Versorgung größerer Leitungssysteme und Wohnungen heranzuziehen, ist, den vorstehenden Ausführungen entsprechend, tunlichst zu vermeiden.

Warmwasserbereiter für eine Zapfstelle (Badeöfen) können je nach Raumhöhe und Bauhöhe der Abgasinstallation über dem Fußboden etwas niedriger angeordnet werden, so daß der Brenner praktisch meist 1 m hoch liegen wird.

Hinsichtlich der Abgasabführung vgl. Ziffer 11h und Abschnitt III.

Kleinere Warmwasserbereiter mit einer Nennbelastung bis zu 150 kcal/min, entsprechend einer Nennleistung von etwa 130 kcal/min, dürfen ohne Abführung der Abgase nur minutenweise zur Bereitung kleinerer Warmwassermengen benutzt werden. Sie werden zweckmäßigerweise an Stelle des Wasserzapfhahnes über Spül- oder Waschbecken angeordnet, jedoch nie so, daß die Abgase anderer Feuerstätten unmittelbar zum Brenner strömen können.

Werden solche Geräte, wenn auch nur gelegentlich, zur Bereitung größerer Wassermengen (für Vollbäder oder größere Kinderbäder) verwendet, so muß für Abführung der Abgase gesorgt werden. Dies kann geschehen durch unmittelbaren Anschluß der Geräte an einen Schornstein (vgl. hierzu Abschnitt III) oder dadurch, daß der Raum selbst an einen gut arbeitenden Lüftungsschacht angeschlossen wird.

g) Gasanschluß.

Warmwasserbereiter jeder Art müssen durch feste Rohrleitungen mit der Gasanschlußleitung verbunden sein; jeder behelfsmäßige Anschluß, auch Schlauchanschluß, ist verboten. Unmittelbar vor jedem Gerät muß ein bequem zugänglicher Gasabsperrhahn in der Gasleitung angebracht sein. Er darf keinesfalls versteckt hinter dem Abgasrohr liegen.

Die Rohrweite der den Warmwasserbereiter speisenden Anschlußleitung muß der Anschlußweite des Geräts entsprechen; diese geht aus der Zahlentafel 6 hervor. Die Rohrweite der Innenleitung wird in der Weise bestimmt, daß aus der auf dem Geräteschild angegebenen Belastung mittels Zahlentafel 3 der Anschlußwert in m³/h und aus dem Anschlußwert und der Länge der Gasleitung die Rohrweite nach Zahlentafel A (S. 40) ermittelt wird. — Vgl. auch die Angaben im Abschnitt II Ziffer 7.

h) Abgasabführung.

Nachstehende Angaben beziehen sich auf Warmwasserbereiter mit getrennten Gas- und Wasserwegen und offener Verbrennungskammer.

Gasgerät, Abgasrohr und Schornstein müssen hinsichtlich der Abgasabführung als ein zusammengehöriges Ganzes betrachtet werden.

Für die Ableitung der Abgase vom Gerät ins Freie mittels Abgasrohres und Schornstein gelten die im Abschnitt III (besonders Ziffer 26, 27, 28) niedergelegten Vorschriften. Die Geräte selbst müssen folgende Forderungen erfüllen:

Warmwasserbereiter mit einer Nennbelastung bis zu 150 kcal/min[1] (entsprechend einer Nennleistung bis zu etwa 130 kcal/min) brauchen nicht an einen Schornstein angeschlossen zu werden, sofern sie nur minutenweise benutzt und in ausreichend belüfteten und genügend großen Räumen aufgestellt sind. Bei Grenzbelastung muß die Verbrennung mit einem Luftüberschuß von nicht weniger als 24% erfolgen, entsprechend einem CO_2-Gehalt der Abgase von etwa 80% des theoretischen (CO_2 max.). Der CO-Gehalt (bezogen auf unverdünntes trockenes Abgas) soll hierbei $0,10\%$ nicht überschreiten.

Alle Geräte mit höherer Belastung bedürfen des Anschlusses an einen Schornstein.

Warmwasserbereiter mit einer Nennbelastung von mehr als 150 kcal/min[1] (Nennleistung etwa 130 kcal/min) haben folgenden Bestimmungen zu entsprechen:

---

[1] *Diese Größenangabe ist kein Festwert sondern dient zunächst als vorläufiger Anhalt. Bei der Zulassung von abzugslosen Warmwasser-*

Im Interesse gesicherter Abgasabführung soll der Wärmerest in den Abgasen (Abgasverlust) bei Nennbelastung 10 bis 15% (bezogen auf unteren Heizwert) betragen. Die Temperatur der Abgase beim Austritt aus dem Wärmeaustauscher muß im Beharrungszustand über 150° C liegen.

Konstruktion und Installation des Geräts müssen so beschaffen sein, daß die Schornsteineinflüsse nicht störend auf den Verbrennungsvorgang einwirken können. (Bezüglich der folgenden Begriffe Zug, Stau, Rückstrom vgl. Ziffer 20, 21, 22.)

Zug. Im Gerät ist eine Zugunterbrechung anzubringen. Das Gerät soll so ausgebildet sein, daß der Austrittswiderstand[1]) möglichst gering ist, und daß ein höchstens 20 cm langes, senkrechtes Rohrstück ausreicht, bei Grenzbelastung den Austritt von Abgasen am Zugunterbrecher zu verhüten.

Stau. Die Zugunterbrechung muß so ausgebildet sein, daß im Falle des Staues die Abgase hier austreten können, damit keine wesentliche Beeinflussung des Verbrennungsvorganges eintritt. Die Prüfung auf diese Eigenschaft erfolgt bei abgedecktem Abgasstutzen. — Bei Grenzbelastung soll die Verbrennung mit einem Luftüberschuß von mindestens 16% erfolgen, entsprechend einem CO_2-Gehalt der Abgase von etwa 85% des theoretischen. Der CO-Gehalt muß weniger als 0,10% und soll tunlichst nicht über 0,05% (bezogen auf unverdünntes trockenes Abgas) betragen.

Rückstrom. Geräte, bei denen die Rückstromsicherung nicht Bestandteil des Apparates ist, müssen im Bedarfsfalle durch eine besondere zusätzliche Rückstromsicherung geschützt werden, die jedoch auf das Gerät abgestimmt sein muß. Sie ist so auszubilden, daß der Austrittswiderstand[2]) des Geräts und die Rückwirkung des Eintrittswiderstandes[3]) der Rück-

---

bereitern spielt neben der Belastung bzw. Leistung des Geräts auch die Raumgröße, die Belüftung und Benutzungsdauer des Geräts eine wichtige Rolle. — Vgl. Seite 86, Abs. 2 u. 3.

[1]) *Der Austrittswiderstand des Gerätes wird verursacht durch die Querschnittsveränderung und den Richtungswechsel beim Übergang der Abgase vom Wärmeaustauscher in den Abgasstutzen.*

[2]) *Die Rückwirkung des Eintrittswiderstandes der Rückstromsicherung auf die Auftriebsverhältnisse in dem vorgeschalteten Rohrstück wird bedingt durch die Richtungsänderung der Abgase bei dem Auftreffen auf den Umlenkkörper der Rückstromsicherung. Unzulässig großer Eintrittswiderstand in die Rückstromsicherung würde sich durch Austritt von Abgasen aus der Zugunterbrechung des Geräts äußern. Die Überwindung dieses Widerstandes erfordert eine Verlängerung des auftriebliefernden Rohrstückes zwischen Gerät und zusätzlicher Rückstromsicherung, die der zur Überwindung des Austrittwiderstandes des Geräts erforderlichen Rohrstrecke hinzuzufügen ist.*

[3]) *Der Austrittswiderstand der Rückstromsicherung, erzeugt durch Umlenkung und Querschnittsveränderung des Abgasstromes beim Umfließen*

stromsicherung durch eine entsprechende Rohrlänge ausgeglichen werden.
Dieses Rohrstück muß fest mit der Rückstromsicherung verbunden werden.
Der Austrittswiderstand[3]) bei Rückstromsicherungen muß möglichst
gering sein. Er soll bei Grenzbelastung durch ein nachzuschaltendes
senkrechtes Rohrstück von höchstens 50 cm Länge oder durch entsprechenden Schornsteinauftrieb ausgeglichen werden können.
Bei einer Rückstromgeschwindigkeit bis zu 3 m/s im Abgasrohr von der
Weite des Abgasstutzens soll die Verbrennung mit einem Luftüberschuß
von mindestens 16% erfolgen, entsprechend einem CO_2-Gehalt der Abgase
von etwa 85% des theoretischen. Der CO-Gehalt muß weniger als 0,10%
und soll tunlichst nicht über 0,05% (bezogen auf unverdünntes trockenes
Abgas) betragen.
Bauhöhe. Für Einhaltung möglichst geringer Bauhöhen bei Warmwasserbereitern für Haushaltszwecke ist Sorge zu tragen. Bei Geräten
mit einer Nennbelastung bis zu 500 kcal/min (entsprechend einer Leistung
von etwa 430 kcal/min) darf die Bauhöhe des Geräts einschließlich der
Rückstromsicherung, gemessen von Brenneroberkante bis Mitte Schorn-
steineinmündung, 155 cm nicht überschreiten. — In den Installationsanweisungen sind die Widerstände der abgasführenden Teile durch senkrechte Rohrlängen zu kennzeichnen, die zu ihrer Überwindung nachgeschaltet sein müssen. Der Schornsteinanschluß soll nahe der Decke
erfolgen, um möglichst große Anlaufstrecken[1]) im Aufstellungsraum selbst
zu gewinnen.

i) Aufstellung und Inbetriebsetzung der Warmwasserbereiter.

Aufstellungsort nach Abschnitt II, Ziffer 11 f wählen (Auswahl des
Schornsteins durch den Bezirksschornsteinfegermeister).

Weite der Gasleitung nach Nennbelastung des Geräts und Rohrlänge
bestimmen, vgl. Abschnitt II, Ziffer 11 g.

Weite der Wasserleitung entsprechend der lichten Weite des Anschlußstutzens am Gerät (nicht kleiner) ausführen (vgl. Zahlentafel 6).

Weite des Abgasrohres entsprechend dem Abgasstutzen des Geräts
ausführen (vgl. Abschnitt III, Ziffer 26 D).

Vor Inbetriebsetzung: Wasserleitung zur Vermeidung von Verstopfen der Siebe von Sand, Lötzinn, Hanf usw. reinigen.

Gasleitung ausblasen.

*des Umlenkkörpers der Rückstromsicherung, muß durch nachzuschaltende
Auftriebsstrecken überwunden werden, um bei normalem Betrieb das Entweichen von Abgasen aus der Rückstromsicherung in den Raum zu verhüten.*

[1]) *Anlaufstrecken sind auftriebliefernde senkrechte Rohrlängen. Mit ihrer
Hilfe können Einzelwiderstände, z. B. Krümmerwiderstände, überwunden
werden. Vor allem sichert eine ausreichende Anlaufstrecke die Überwindung des Eintrittswiderstandes in den Schornstein und bewirkt sichere
Einleitung des Schornsteinzuges.*

Bei Inbetriebsetzung: Die Einstellung des Geräts soll auf ein ein-
wandfreies Flammenbild zur Zeit des Höchstgasdrucks (mit Ausschluß der
Zünddruckwelle) erfolgen. Meist werden das die Abendstunden sein (vgl.
Abschnitt II, Ziffer 7).

Zündflamme einstellen.

Wasserdurchfluß und gegebenenfalls Temperaturregler einstellen nach
Angaben auf dem Geräteschild.

Arbeitsweise der Regel- und Sicherheitsvorrichtungen, ferner Zündung
des Brenners prüfen.

Abgasabführung mittels Tauplattenmethode (vgl. Abschnitt III,
Ziffer 29) nachprüfen. Bei nicht einwandfreiem Befund ist — gegebenenfalls gemeinsam mit dem Schornsteinfeger — im einzelnen zu untersuchen:
Ist der Schornstein frei, ist das Abgasrohr nicht zu weit in den Abgasstutzen des Geräts eingeschoben, ist der Querschnitt des Schornsteines
genügend groß, wird der Schornstein nicht durch Anschluß eines neuen
Geräts überlastet, münden Kohlenfeuerstätten in den Schornstein ein?
usw. (vgl. Abschnitt III, Ziffer 27).

Belüftungsmöglichkeit des Raumes nachprüfen (vgl. Abschnitt II,
Ziffer 11 f).

Nach Inbetriebsetzung: Ordnungsgemäße Übergabe an den Eigen-
tümer des Geräts, Vorführung des Geräts und Unterweisung der Benutzer
in der Bedienung des Geräts.

Bei größeren Warmwasseranlagen ist eine kurze Bedienungsvorschrift
am Geräte oder im Aufstellungsraum sichtbar anzubringen.

Der Installateur eines Gerätes ist für die richtige Einstellung und
Arbeitsweise der von ihm hergestellten Anlage verantwortlich. Er hat die
von der Lieferfirma vorgesehenen Montagevorschriften zu beachten.

k) Behandlung der Warmwasserbereiter.

Es ist dem Besitzer der Geräte zu empfehlen, das Gerät in regelmäßigen
Zeiträumen durch einen Fachmann nachsehen zu lassen.

Bei Verwendung harten Wassers sind zur Verhütung von Störungen und
unnützem Gasverbrauch die Kalkansätze in den Geräten von Zeit zu Zeit
sachgemäß zu entfernen[1]).

Die Geräte sind zu entleeren, sobald sie der Frostgefahr ausgesetzt sind.

Ziffer 12.
Raumheizgeräte.
a) Wahl der Ofengröße.

Die richtige Wahl der Ofengröße ist eine wichtige Voraussetzung für die
Zufriedenheit des Heizungsbenutzers. Zu kleine Öfen erwärmen den Raum
ungenügend, benötigen übermäßig lange Anheizzeiten und arbeiten dabei

---

[1]) *Als Lösungsmittel für den Kalk kommen in Frage: verdünnte Salzsäure
1:20 mit einem Zusatz von 1%/₀ Chinolin, besser Ameisensäure.*

unwirtschaftlich. Zu große Öfen verursachen dagegen unnötig hohe
Anlagekosten.

Für die Wahl der Ofengröße ist der Wärmebedarf des zu beheizenden
Raumes und die Leistung des Ofens maßgebend:

1. Jeder Raum hat einen bestimmten Wärmebedarf, der in kcal/h zu
   ermitteln ist.
2. Jeder Ofen hat eine bestimmte Leistung (Wärmeabgabe), die in
   Wärmeeinheiten je Stunde (kcal/h) gemessen wird. Die Leistung
   des Ofens bei Vollbrand ist auf dem Geräteschild und im Katalog
   ersichtlich.

b) Ermittlung des Wärmebedarfs.

Die Berechnung des Wärmebedarfs des Raumes ist Gegenstand von
Din 4701. Er setzt sich zusammen aus dem »zuschlagfreien« Wärmeverlust
und den Zuschlägen für Lage, Windanfall und Benutzungsdauer. Diese
Berechnung ist verhältnismäßig umständlich. Der Berechnung des An-
heizzuschlages ist dabei eine Anheizzeit von 3 Stunden zugrunde gelegt.
Einer der wichtigsten Vorteile des Gasheizens liegt in der Möglichkeit,
die Wärmeabgabe an den Luftraum besonders bei stoßweisem Betrieb
der Heizung sehr schnell erfolgen zu lassen und damit den Gasverbrauch
niedrig zu halten. Es ist daher bei der Berechnung zu beachten, daß die
Anheizzeit bei Gasheizung bei Räumen bis zu etwa 80 m³ Rauminhalt
mit maximal 1 Stunde, bei größeren Räumen mit max. 1,5 bis 2 Stunden
anzunehmen ist.

Für die Aufstellung von Einzelheizöfen kann auf die Berechnung des
Wärmebedarfs nach Din 4701 verzichtet werden, wenn es sich um Räume
bis 100 m³, allenfalls bis 200 m³ handelt. In normalen Räumen erfolgt
die Ermittlung des Wärmebedarfs zweckmäßig mittels Zahlentafel 7, die
unter Berücksichtigung der für die Gasheizung erforderlichen besonderen
Voraussetzungen nach Din 4701 aufgestellt ist.

Erklärungen zur Fagawa-Wärmebedarfstabelle.

Dauerheizung liegt vor, wenn der Raum täglich mehr als etwa 8 Stunden beheizt wird (z. B. Wohnzimmer, Büro, Restauration, Laden).

Zeitweise Heizung liegt vor, wenn der Raum nur gelegentlich kurzzeitig beheizt wird (z. B. Badezimmer, Schlafzimmer, Saal).

Wird der Raum täglich, aber weniger als 8 Stunden beheizt (z. B.
Schulzimmer), so ist das Mittel zwischen den Werten für Dauerheizung und
zeitweiser Heizung zu nehmen.

Günstige Bau- und Lageverhältnisse sind gegeben bei einge-
bautem Raum, Doppelfenstern, massiver Bauart, geschützter Gebäude-
lage usw.

Ungünstige Bau- und Lageverhältnisse sind gegeben bei Eck-
räumen, einfachen Fenstern, leichter Bauart, ungeschützter Gebäude-
lage usw.

Die Temperaturdifferenz ist der Unterschied zwischen tiefster Außentemperatur und gewünschter Innentemperatur. Als tiefste Außentemperatur sind in Anlehnung an den bisherigen Gebrauch — 20° C angenommen. Wird der Gasheizofen als Zusatzheizung lediglich für die Übergangszeit (Frühjahr und Herbst) benutzt, so ist als Außentemperatur 0° anzunehmen. Als Innentemperatur sind anzunehmen:

für Wohnräume, Badezimmer, Büros, Schulräume usw. .	+ 20°
» Verkaufsräume, Aborte, Flure usw.	+ 15°
» Werkstätten	+ 10 bis + 15°
» Kirchen	+ 10 bis + 12°
» Garagen	+ 5 bis + 8°

Die richtige Ofengröße wird nach Feststellung des Wärmebedarfes aus der Tabelle dadurch ermittelt, daß man im Heizofenkatalog einen Ofen bestimmt, dessen Wärmeabgabe in der Stunde (Leistung) gleich oder größer als der Tabellenwert ist.

Anwendungsbeispiele.

1. Es soll ein Wohnzimmer von 4 m Breite, 5 m Länge und 3 m Höhe im Winter von früh bis abends beheizt werden. Das Zimmer ist eingebaut und besitzt Doppelfenster; das Haus liegt geschützt. Die Raumgröße beträgt 4 × 5 × 3 = 60 m³. Es liegt der Fall der Dauerheizung vor. Die Bau- und Lageverhältnisse sind günstig. Die Tabelle ergibt einen Wärmebedarf von 4400 kcal/h.

2. Ein eingebautes Badezimmer, 2 m breit, 3 m lang, 3 m hoch, soll beheizt werden. Der Rauminhalt beträgt 2 × 3 × 3 = 18 m³. Es liegt der Fall der zeitweisen Heizung vor. Die Bau- und Lageverhältnisse sind günstig. Die Tabelle ergibt (für 20 m³) einen Wärmebedarf von 3000 kcal/h.

3. Ein nur gelegentlich benutztes Zimmer, 4 m breit, 5 m lang, 4 m hoch, soll in der Übergangszeit auf + 20° erwärmt werden. Das Zimmer ist ein Eckraum mit großen Fenstern. Der Rauminhalt beträgt 4 × 5 × 4 = 80 m³. Es liegt zeitweise Heizung vor. Die Bau- und Lageverhältnisse sind ungünstig. Die Temperaturdifferenz beträgt, weil Übergangsheizung, 20°. Die Tabelle ergibt einen Wärmebedarf von 9600 kcal/h.

Bei größeren Heizungsanlagen sind genaue Wärmebedarfsberechnungen unbedingt erforderlich, weil die richtige Wahl der Ofengrößen hierbei die Wirtschaftlichkeit ausschlaggebend beeinflußt. Diese Berechnungen werden zweckmäßig durch die Herstellerfirmen der in Frage kommenden Heizofenfabrikate ausgeführt. Zu diesem Zwecke sind erforderlich: die Grundrisse und Schnitte des Gebäudes, Angaben über die Zweckbestimmung der Räume, die Bauweise der Wände, Decken und Dächer, über die Ausführung der Türen, Fenster und Oberlichte, ob diese eingemauert oder zum Öffnen, ob Einfach- oder Doppelfenster. Ungewöhnliche Bauarten sind so eingehend zu beschreiben, daß ihre Wärmedurchlässigkeit beurteilt werden kann. Ferner muß angegeben sein, ob die Heizkörper in Fensternischen oder an Innenwänden anzuordnen sind, ob sie mit oder ohne Verkleidung aufgestellt werden. Die beigefügten zwei Fragebogen enthalten die Fragen, die für die Berechnung der Heizung beantwortet werden sollen.

c) Die verschiedenen Gerätearten für Raumheizung und ihr Anwendungsgebiet.

Man unterscheidet bei Raumheizgeräten:

1. Luftumwälzungsöfen (Konvektionsöfen),
2. Strahlungsöfen mit zusätzlichen Heizflächen,
3. Heizöfen mit Wärmezwischenträger.

Die Wärmeübertragung erfolgt bei

1. vorwiegend durch Luftumwälzung,
2. gleichzeitig durch Strahlung und Luftumwälzung,
3. vorwiegend durch Luftumwälzung.

Jedes Heizofensystem hat besondere Eigenschaften, die bei der Auswahl eines Ofensystems für einen bestimmten Verwendungszweck berücksichtigt werden müssen.

Luftumwälzungsöfen (Abb. 56 bis 59). Diese Öfen übertragen die im Ofen erzeugte Wärme durch Wandungen unmittelbar an die zirkulierende Raumluft. Ihre Verwendung ist daher von besonderen Voraussetzungen hinsichtlich der Größe und des Verwendungszweckes des zu beheizenden Raumes unabhängig. Die Beheizung erfolgt vorwiegend durch leuchtende Flammen. Luftumwälzungsöfen besitzen entweder offene, geschützte oder geschlossene Flammenräume (s. unten).

Strahlungsöfen mit zusätzlichen Heizflächen. (Abb. 56 und 60). Diese Öfen sind im unteren Teil als Strahlungsöfen (Reflektor oder Glühkörper) ausgebaut mit darüber angeordneten Heizflächen. Die Beheizung erfolgt bei Öfen mit Reflektor durch leuchtende und bei Öfen mit Glühkörpern durch entleuchtete Flammen.

Heizöfen mit Wärmezwischenträger (Abb. 61). Diese Heizöfen übertragen die Wärme durch Wandungen an einen Zwischenträger (Luft, Wasser oder Dampf) und von diesem an den zu beheizenden Raum. Die Beheizung erfolgt durch leuchtende oder entleuchtete Flammen.

Nach der Bauart unterscheidet man die Heizöfen in:

Gasheizöfen mit offenem Flammenraum. Übliche Ausführung der Gasheizöfen. Die Verbrennungsluft tritt aus dem Aufstellungsraum in den Flammenraum (Abb. 56, 58 und 60).

Gasheizöfen mit geschütztem Flammenraum. Die Verbrennungsluft wird dem Aufstellungsraum entnommen. Der Brenner ist gegen zufällige Berührung geschützt und erst nach Entfernung besonderer Schutzvorrichtungen zugänglich (Abb. 57 u. 61).

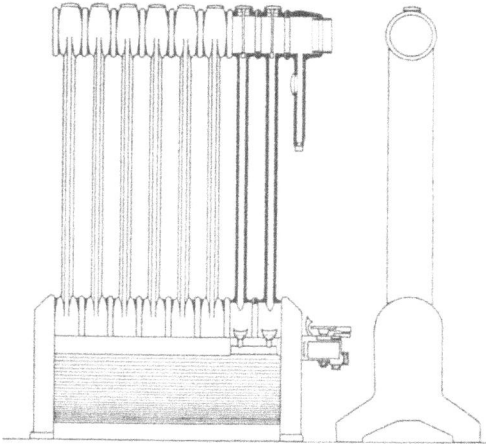

Abb. 56.
Heizofen mit offenem Flammenraum.

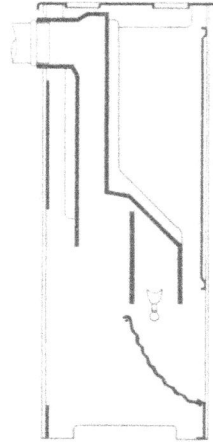

Abb. 58. Heizofen
mit offenem
Flammenraum.

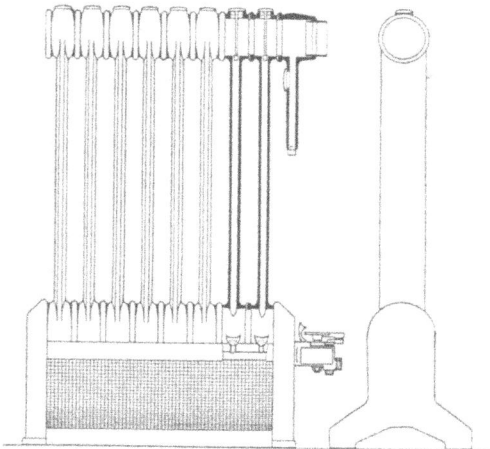

Abb. 57. Heizofen mit geschütztem
Flammenraum (z. B. durch Drahtgitter).

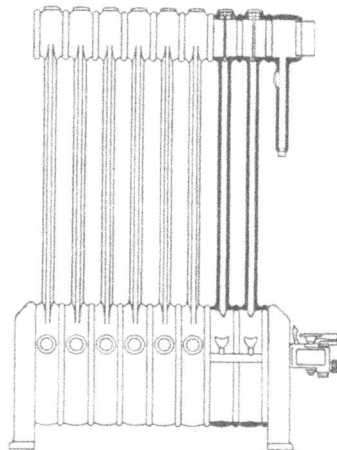

Abb. 59. Heizofen mit geschlossenem Flammenraum.

Öfen mit geschlossenem Flammenraum. Die Verbrennungsluft wird von außen zugeführt. Während des Betriebes besteht keine Verbindung zwischen dem Aufstellungsraum und dem Verbrennungsraum. (Abb. 59.)

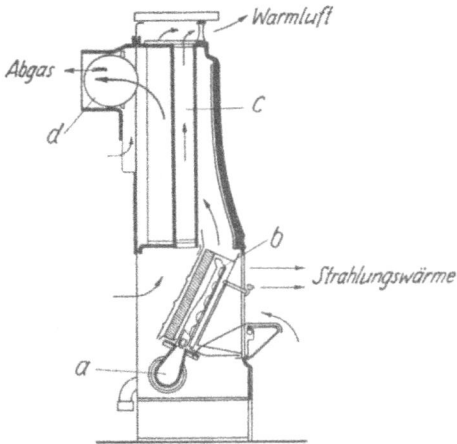

Abb. 60. Strahlungsofen mit zusätzlichen Heizflächen.
a = Gasbrenner, b = Glühkörper, c = Heizrohr, d = Abgasanschluß.

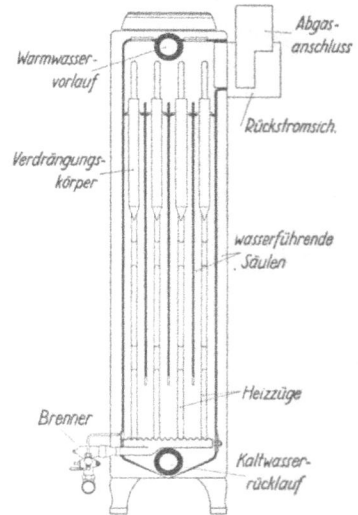

Abb. 61. Heizofen mit Wärmezwischenträger (Wasser).

d) Wahl des Heizofensystems.

Bei der Wahl des Heizofensystems ist folgendes zu beachten: Für Wohnräume od. dgl. werden Geräte mit offenem Flammenraum verwendet. Für die Aufstellung von Gasheizöfen für besondere Zwecke bestehen zum Teil behördliche Sondervorschriften betreffs der Art des Ofensystems, der Ausführung des Ofens sowie der Installation. Hierzu gehören Kinos, Garagen und Räume, in denen feuergefährliche Stoffe lagern (vgl. Ziffer 15 u. 16). Für Operationssäle kommen nur Öfen mit geschlossenem Flammenraum in Frage, die die Frischluft nicht aus dem beheizten Raum entnehmen. Für Schulen und andere dem öffentlichen Verkehr dienende Räume empfiehlt sich die Verwendung von Öfen mit geschütztem Flammenraum.

e) Gasanschluß.

Gasheizöfen sind an die Gasleitung ausnahmslos fest anzuschließen. Die Mindestrohrweiten der Anschlußleitungen zum Ofen betragen:

bei kleinen Heizöfen mit einem Anschlußwert von 0,6 m³/h 13 mm (½″)
» größeren » » » » » » 2 m³/h 20 mm (¾″).

Zahlentafel 7.

Fagawa-Wärmebedarfstabelle (Junkers-Meurer) für Gaseinzelheizung.

Die Tabellenwerte sind für überschlägige Ermittlung des Wärmebedarfs bestimmt; für umfangreiche Projekte und größere Räume (über 200 m³) ist eine besondere Wärmebedarfsberechnung nach den Regeln (Din 4701) des V. d. C. I. (Verband der Zentralheizungsindustrie) unter Berücksichtigung der für die Gasheizung erforderlichen besonderen Voraussetzungen aufzustellen.

Raum- größe in m³	Dauerheizung						Zeitweise Heizung						Raum- größe in m³
	Bau- und Lageverhältnisse						Bau- und Lageverhältnisse						
	günstig			ungünstig			günstig			ungünstig			
	Temperaturdifferenz in °C						Temperaturdifferenz in °C						
	40	30	20	40	30	20	40	30	20	40	30	20	
	kcal/h	kcal/h	kcal/h	kcal/h	kcal/h	kcal/h	kcal/h	kcal/h	kcal/h	kcal/h	kcal/h	kcal/h	
10	—	—	—	—	—	—	1 600	1 300	1 000	2 500	2 000	1 500	10
20	2 500	2 000	1 100	3 700	3 000	1 700	3 000	2 500	1 800	4 500	3 600	2 700	20
30	3 000	2 400	1 400	4 500	3 600	2 000	4 400	3 600	2 600	6 400	5 200	3 800	30
40	3 500	2 800	1 600	5 200	4 200	2 300	5 900	4 800	3 500	8 300	6 800	5 000	40
50	3 900	3 100	1 800	5 900	4 700	2 700	7 400	6 000	4 400	10 200	8 400	6 100	50
60	4 400	3 500	2 000	6 600	5 300	3 000	8 800	7 200	5 300	12 200	10 000	7 300	60
70	4 800	3 800	2 200	7 200	5 800	3 200	10 300	8 400	6 200	14 100	11 500	8 500	70
80	5 200	4 200	2 300	7 700	6 300	3 500	11 700	9 600	7 000	16 000	13 100	9 600	80
90	5 600	4 500	2 500	8 300	6 700	3 700	12 700	10 400	7 600	17 300	14 200	10 400	90
100	5 900	4 800	2 700	8 800	7 000	4 000	13 600	11 100	8 200	18 500	15 200	11 100	100
120	6 600	5 300	3 000	9 900	7 900	4 500	15 400	12 600	9 200	21 000	17 200	12 600	120
140	7 300	5 800	3 300	11 000	8 800	5 000	17 200	14 100	10 300	23 300	19 100	14 000	140
160	7 900	6 300	3 600	12 000	9 600	5 400	18 900	15 500	11 300	25 600	21 000	15 400	160
180	8 600	6 900	3 900	12 900	10 300	5 800	20 500	16 900	12 300	27 800	22 800	16 700	180
200	9 200	7 400	4 100	13 700	11 000	6 200	22 100	18 300	13 300	30 000	24 600	18 000	200

Bei längeren Leitungen ist nach Zahlentafel A (S. 40) zu prüfen, ob die vorerwähnten Rohrweiten genügen.

Jedem Heizofen ist außer seinem Regulier- und Zündflammenhahn noch ein besonderer Hauptabsperrhahn vorzuschalten. Bei Heizöfen in öffentlichen Räumen sind die Hähne gegen fahrlässige oder böswillige Betätigung aus Sicherheitsgründen zu schützen.

f) Staubverschwelung.

Die Heizflächentemperaturen der Gasheizöfen liegen mit Rücksicht auf die wirtschaftliche Ausgestaltung der Geräte im allgemeinen über den Verschwelungstemperaturen von Staubablagerungen. Heizöfen guter Bauart ermöglichen leichte Reinigung der Heizflächen. Regelmäßige Reinigung aller Wärmeaustauschflächen ist deshalb selbstverständliche Voraussetzung für einen hygienischen Betrieb. Die Wahl reichlich bemessener Ofengrößen gewährleistet wirtschaftlichen Betrieb bei kleingestellten Flammen und damit niedrige Flächentemperaturen.

g) Wandverkleidung.

Um Beschädigung von Tapeten und überflüssige Wärmeaufnahme der Wand durch die abstrahlende Wärme des Ofens zu verhüten, verkleidet man bei Bedarf die Wände hinter dem Ofen mit geeigneten Stoffen (Fliesen, Kacheln, Metallbleche mit Zwischenraum usw.). Auch bei Gasheizöfen, die über Eck im Zimmer aufgestellt werden, empfiehlt sich diese Ausführung. Eine Wandverkleidung ist auch in wirtschaftlicher Beziehung zweckmäßig, weil dadurch die Wärmeaufnahme des hinter dem Ofen liegenden Mauerwerkes verhindert und infolgedessen Brennstoff gespart wird.

h) Abführung der Abgase bei Raumheizgeräten.

Gasgerät, Abgasrohr und Schornstein müssen hinsichtlich Abgasabführung als ein zusammengehöriges Ganzes betrachtet werden.

Grundsätzlich müssen die Abgase von Raumheizöfen aus bewohnten Räumen ins Freie abgeleitet werden. Ausnahmen unterliegen von Fall zu Fall der besonderen Genehmigung des zuständigen Gaswerks, die nur in Fällen erteilt werden kann, wo es sich um ganz vorübergehend benutzte Räume handelt, oder wenn eine Schädigung durch Verbrennungserzeugnisse keinesfalls zu befürchten ist (vgl. Ziffer 18).

Im Interesse gesicherter Abgasabführung soll der Wärmerest in den Abgasen (Abgasverlust) bei Nennbelastung 10 bis 20% (bezogen auf unteren Heizwert) betragen.

Die Bauart oder Installation des Gerätes muß derartig ausgeführt sein, daß die Schornsteineinflüsse nicht störend auf den Verbrennungsvorgang einwirken können.

Zug. Jeder Gasheizofen ist mit einer Zugunterbrechung auszustatten.

Stau. Die Anwendung einer Stausicherung ist dann notwendig, wenn die Schornsteinverhältnisse und klimatischen Verhältnisse ungünstig sind.

Das Gerät soll so ausgebildet sein, daß der Widerstand der abgasführenden Teile möglichst gering ist. Bei der Prüfung soll ein höchstens 1 m langes, hinter die Zugunterbrechung geschaltetes, senkrechtes Rohrstück vom Durchmesser des Abgasstutzens ausreichen, den Austritt von Abgasen am Zugunterbrecher bei Beanspruchung bis zur Grenzbelastung im Beharrungszustand[1]) zu verhüten.

Die Prüfung der Eigenschaften einer etwa vorgesehenen Stausicherung geschieht durch vollständiges Abdecken des Abgasrohrs hinter der Stausicherung. Hierbei muß die Verbrennung bei Grenzbelastung im Beharrungszustand mit einem Luftüberschuß von mindestens 16% erfolgen, entsprechend einem CO_2-Gehalt der Abgase von etwa 85% des theoretisch möglichen (vgl. Prüfvorschriften für Raumheizgeräte).

Rückstrom. Gasheizöfen arbeiten bezüglich der Abgasabführung im allgemeinen unter günstigeren Verhältnissen als Warmwasserbereiter. Da Gasheizöfen meist längere Zeit und bei Außentemperaturen betrieben werden, die geringer als die Temperaturen im Innern des Gebäudes sind, ist Rückstrom bei richtig angelegten Schornsteinen in der Regel nicht zu erwarten.

Ist im Bedarfsfalle eine Rückstromsicherung erforderlich, so kann diese entweder konstruktiv mit dem Gerät vereinigt sein oder zusätzlich nachgeschaltet werden; jedenfalls muß sie besonders auf das Gerät abgestimmt sein.

Die zusätzlich nachgeschaltete Rückstromsicherung ist so auszubilden, daß der Austrittswiderstand des Gerätes und die Rückwirkung des Eintrittswiderstandes der Rückstromsicherung durch eine zwischengeschaltete Rohrstrecke ausgeglichen werden. Diese Rohrlänge muß fest mit der Rückstromsicherung verbunden sein. Der Austrittswiderstand bei Rückstromsicherungen muß möglichst gering sein. Er soll bei Grenzbelastung im Beharrungszustand durch ein nachzuschaltendes, senkrechtes Rohrstück von höchstens 1 m Länge und dem Durchmesser des Abgasstutzens oder durch einen entsprechenden Schornsteinauftrieb ausgeglichen werden können.

Rückstromsicherungen sind so auszubilden, daß bei einer Rückstromgeschwindigkeit bis zu 3 m/s im Abgasrohr von der Weite des Abgasstutzens bei Grenzbelastung die Verbrennung mit einem Luftüberschuß von mindestens 16% erfolgt, entsprechend einem CO_2-Gehalt der Abgase von etwa 85% des theoretisch möglichen (CO_2 max). Der CO-Gehalt soll weniger als $0,10\%$ (bezogen auf unverdünntes, trockenes Abgas) betragen.

i) Temperaturregler.

Um eine Gasheizung, die täglich während mehrerer Stunden in Benutzung sein muß, möglichst wirtschaftlich zu betreiben, empfiehlt es sich,

---

[1]) *Der Beharrungszustand wird bei Gasheizöfen im allgemeinen nach einer Betriebsdauer von etwa 10 min erreicht.*

Temperaturregler einzubauen. Es sind bereits eine große Anzahl Temperaturregler erhältlich, die in konstruktiver Hinsicht derart vervollkommnet sind, daß sie als unbedingt betriebssicher bezeichnet werden können.

k) Prüfung der Raumheizgeräte.

Für die Prüfung der Raumheizgeräte sind die vom DVGW aufgestellten »Vorschriften für die Prüfung und Beurteilung von Raumheizgeräten« maßgebend.

Ziffer 13.
Gasheizkessel für zentrale Heizung und Warmwasserversorgung.

a) Allgemeines.

Zentrale Heizungen und Warmwasserversorgungen können mit gasbeheiztem Warmwasser- oder Niederdruckdampfkessel ausgestattet werden. Für die Berechnung der Anlagen sind die Regeln des VDCI, die vom Deutschen Normenausschuß unter Mitwirkung der Fachverbände als DIN 4701 herausgegeben wurden, und »Rietschel-Gröber, Heizungs- und Lüftungstechnik« (Verlag Jul. Springer, Berlin) zugrunde zu legen.

b) Anwendungsgebiet für:

I. Zentralheizungen:
1. für die Übergangszeit,
2. zur Deckung des Spitzenbedarfes (Zusatzheizung),
3. zur dauernden Beheizung mehrerer Räume (Stockwerksheizung), einzelner Wohnhäuser, öffentlicher Gebäude u. dgl.,
4. für Sonderfälle, z. B. zur Beheizung von Kraftwagenräumen (Garagen), Gewächshäusern und Gasbehältern.

II. Warmwasserversorgungsanlagen mit direkter und indirekter Erwärmung von Gebrauchswasser im Speicher (Boiler).

Das unter I/3 und unter II angeführte Anwendungsgebiet kommt nur dann in Frage, wenn der Gaspreis einen wirtschaftlichen Betrieb ermöglicht.

c) Anforderungen an die Kesselkonstruktion.

In bezug auf konstruktiven Aufbau und verbrennungstechnische Eigenschaften der Gasheizkessel sind grundsätzlich die gleichen Anforderungen zu stellen wie an die Gaswarmwasserbereiter, unter besonderer Berücksichtigung der heiztechnischen Erfordernisse.

Jeder Kessel ist mit den behördlich vorgeschriebenen Sicherheitsvorrichtungen auszustatten und darüber hinaus mit einem Temperatur- oder Dampfdruckregler zu versehen, der gleichfalls als Sicherheitsvorrichtung gegen Überhitzung dient. Der Regler muß einstellbar sein.

Der Einbau von Gasbrennern in Kessel für feste Brennstoffe wird zweckmäßig nur bei größeren Anlagen mit unterteilten Kesseln vorgenom-

men, bei denen also jeder einzelne Kessel etwa mit Vollast arbeitet. Die
Entscheidung, ob ein vorhandener Kessel überhaupt für den Einbau von
Gasbrennern geeignet ist, muß dem Fachmann vorbehalten werden. Dagegen ist der Einbau von Gasbrennern in
Kessel für feste Brennstoffe unzweckmäßig,
wenn nur ein einziger Kessel vorhanden ist,
da die eingangs erwähnten Anforderungen an
die Kesselbauart nur von den Gasheizkesseln
(Abb. 62) erfüllt werden.

d) Anforderungen an die Installation.

Auch hier gelten neben den behördlichen
Vorschriften über Bau und Betrieb solcher
Anlagen die allgemeinen Vorschriften[1]) über
die Installation von Gasgeräten. Es ist zweck-
mäßig, Gasdruckregler und Vorrichtungen gegen
Ausströmen unverbrannten Gases anzubringen.
Für ausreichende Be- und Entlüftung des Kessel-
raumes ist Sorge zu tragen.

e) Vorzüge und Wirtschaftlichkeit.

Neben der hervorragenden Anpassungsfähig-
keit des Wärmeaufwandes an den Bedarf und
den sonstigen Vorzügen, die in der Eigenart
des gasförmigen Brennstoffes liegen, haben die
Gasheizkessel den Vorzug des vollautomati-
schen Betriebes und des geringen Platzbedarfes.   Abb. 62. Gasheizkessel.
Diese Vorzüge sind bei einem Rentabilitätsver-
gleich gegenüber anderen Brennstoffen jeweils gebührend zu bewerten.

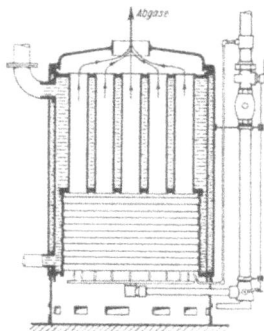

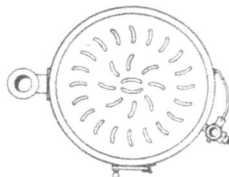

Ziffer 14.
Gasbeheizte Lufterhitzer.

Gaslufterhitzer können Verwendung finden für die Beheizung großer
Räume mit kurzer Benutzungsdauer wie Kirchen, Vortragssäle, Ausstel-
lungshallen u. dgl., ferner für Räume, wo eine gute Belüftung erforderlich
ist, und für die Heizung während der Übergangszeit und als Zusatzheizung.
Als Dauerheizung ist die Gasluftheizung nur dann geeignet, wenn der
Gaspreis einen wirtschaftlichen Betrieb ermöglicht.

Die Anlagen werden wie die Dampf- oder Warmwasserluftheizungen
nach Rietschel-Gröber (s. S. 80) berechnet und ausgeführt.

Im Gegensatz zu diesen Anlagen, bei denen Dampf oder Warmwasser
als Wärmeträger dient, wird beim Gaslufterhitzer die Warmluft direkt erzeugt. Es scheidet damit jede Gefahr des Einfrierens aus.

---

[1]) *Landes- und ortspolizeiliche Bestimmungen.*

Der Gaslufterhitzer besteht aus einem Heizkörper, durch den die zu erwärmende Luft durch Auftrieb oder durch Ventilator, getrennt von den Heizgasen, hindurchgeleitet wird (Abb. 63). Das Gerät muß eine Sicherung gegen Überhitzung des Heizkörpers erhalten.

Bezüglich des konstruktiven Aufbaues, der Installation und des Betriebes sind die bei Gasgeräten üblichen Anforderungen zu erfüllen (Ziffer 13 S. 80). Insbesondere müssen solche Gaslufterhitzer, bei denen die zu erwärmende Luft mittels Ventilators durch das Gerät bewegt wird, Sicherheitseinrichtungen besitzen, die die Gaszufuhr zum Gerät selbsttätig absperren, wenn infolge ungenügender Wärmeabgabe aus dem Gerät eine

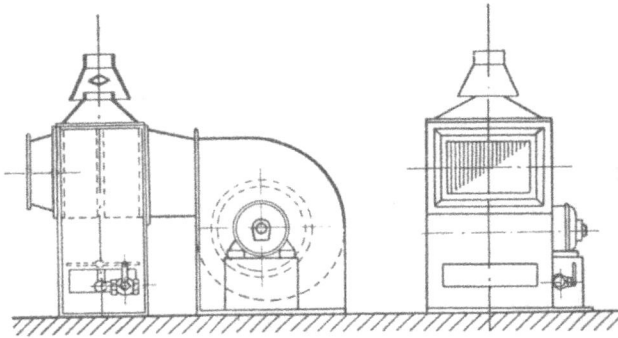

Abb. 63. Gasbeheizter Lufterhitzer.

unzulässig hohe Temperatur darin auftreten würde. Diese Sicherheits vorrichtungen treten daher besonders in Tätigkeit bei Stehenbleiben des Ventilators (z. B. wenn der Strom bei elektrisch angetriebenen Ventilatoren ausbleibt oder der Riemen bei mechanisch angetriebenen Ventilatoren reißt oder abfällt).

Ziffer 15.
Gasheizung in Kraftwagenräumen (Garagen).

Wegen der stets bestehenden Gefahr der Entzündung von Benzin- oder Benzoldämpfen sind in Kraftwagenräumen nur Heizöfen mit geschlossener Verbrennungskammer zulässig. Die Luft muß in einer dichten Leitung von außen zugeführt werden. Die Zündung hat entweder außerhalb des Raumes zu erfolgen oder im Innern des Heizofens durch Reibeisenzündung, elektrische Zündung od. dgl. (vgl. Abb. 64, 65, 66).

Für die Aufstellung von Gasheizöfen in Kraftwagenräumen bestehen in den einzelnen Ländern besondere Vorschriften, die zu beachten sind.

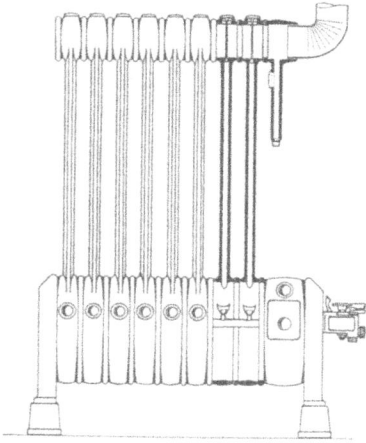

Abb. 64. Garagenheizofen mit
mechanischer Innenzündung.

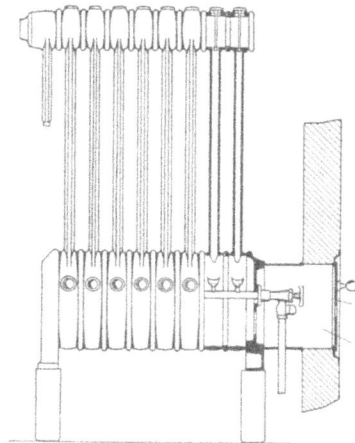

Abb. 65. Garagenheizofen mit
seitlicher Zündkammer.

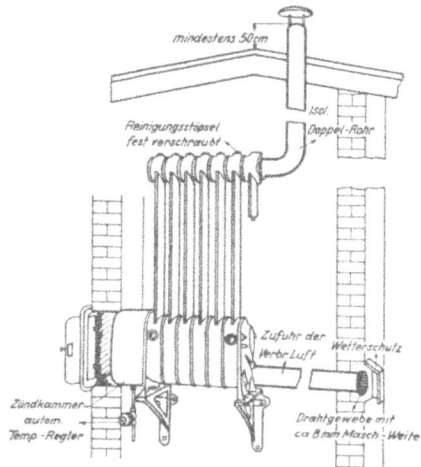

Abb. 66. Anordnung des Heizofens im Kraftwagenraum.

6*

Ziffer 16.
Gasheizung in Lichtspieltheatern.

Bei der Aufstellung von Gaseinzelöfen in Lichtspieltheatern ist darauf
zu achten, daß Unbefugte den Gashahn nicht fahrlässig oder böswillig
öffnen oder schließen können und die Flammen so geschützt liegen, daß
bei Menschenandrang die Kleider nicht Feuer fangen können (vgl. Abb. 67).

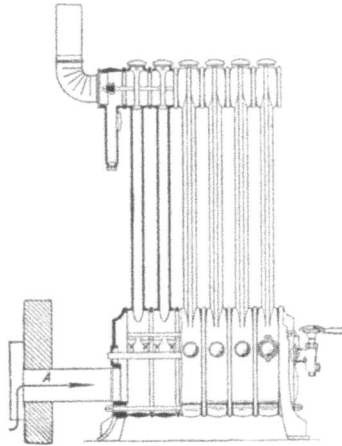

Abb. 67.
Heizofen für Lichtspieltheater.

In den einzelnen Ländern bestehen besondere Vorschriften für die
Aufstellung von Gasheizöfen in Lichtspieltheatern. Werden Versamm-
lungssäle usw. nur gelegentlich für Lichtspielvorführungen benützt, so
kann durch die örtliche Baupolizeibehörde oder durch deren vorgesetzte
Dienststelle Befreiung von der Anwendung der Vorschriften erlangt werden.

III. Abgasabführung.

(Über Entstehung der Abgase vgl. Abschnitt I, Ziffer 2 und 6.)

Ziffer 17.

Menge der erzeugten Abgase.

Bei der Verbrennung von 1 m³ normalen Heizgases (Stadtgas) werden bei 50 % Luftüberschuß etwa 6 m³ Verbrennungsluft verbraucht, und es entstehen etwa 8,5 m³ feuchte Abgase (gemessen bei 100° C). Zahlentafel 8 gibt den Verbrennungsluftverbrauch und die anfallende feuchte Abgasmenge (letztere gemessen bei 100° C und 150° C) in l/min bei verschiedenem Gasverbrauch (Stadtgas) an.

Zahlentafel 8.

Stadtgasverbrauch		Verbrennungsluft-verbrauch		Anfallende Abgasmenge			
				gem. bei 100° C		gem. bei 150° C	
l/min	m³/h	l/min	m³/h	l/min	m³/h	l/min	m³/h
20	1,2	120	7,2	170	10	193	12
40	2,4	240	14,4	340	20	386	23
60	3,6	360	21,6	510	31	580	35
80	4,8	480	28,8	680	41	772	46
100	6,0	600	36,0	850	51	965	58
120	7,2	720	43,2	1020	61	1185	69
140	8,4	840	50,4	1190	71	1351	81
160	9,6	960	57,6	1360	82	1544	93
180	10,8	1080	64,8	1530	92	1737	104
200	12,0	1200	72,0	1700	102	1930	116

1 m³ Stadtgas erzeugt etwa die gleiche Abgasmenge wie ¹/₃ bis ¹/₅ kg fester Brennstoff (Koks, Anthrazit, Braunkohlenbriketts) unter den bei Hausbrand vorliegenden Verbrennungsverhältnissen.

Ziffer 18.

Notwendigkeit der Abführung der Abgase von Gasfeuerstätten.

Die hauptsächlichsten Verbrennungserzeugnisse des Heizgases sind den bei der menschlichen Atmung entstehenden gleich: Kohlensäure und Wasserdampf.

Die bei praktisch vollkommener Verbrennung entstehenden Spuren von Kohlenoxyd (Journal für Gasbeleuchtung 1914, S. 605) sind, wie zahlreiche Untersuchungen übereinstimmend erwiesen haben, verschwindend gering und liegen weit unter den Zahlenwerten, die zu Bedenken Anlaß geben könnten. Kohlensäure und Wasserdampf wirken nur dann gesundheitsschädlich und belästigend, wenn sie sich in Räumen stark ansammeln;

deshalb werden die Abgase der Gasgeräte in solchen Fällen abgeführt, d. h. mittels geeigneter Rohrleitungen oder Kanäle aus dem Raum ins Freie geleitet.

Die Abgase von Gasfeuerstätten mit geringem Gasverbrauch und nur stundenweiser Benutzung, wie z. B. von Gaskochern, Familiengasherden, Bügeleisen und sonstigen kleinen Gasgeräten, werden aus den genannten Gründen unbedenklich in den Raum gelassen, in dem die Geräte benutzt werden.

Bei ungünstigen Raumverhältnissen (enge Räume, Kochnischen usw.) sind einfache Lüftungsvorrichtungen, z. B. bequem erreichbare und leicht zu öffnende Luftklappen in den Fensterscheiben, vorzusehen. Ebenso brauchen häusliche Warmwasserbereiter (Durchlauf- und Speichergeräte) bis zu einer Nennbelastung (= der im Gas zugeführten Wärmemenge) von 150 kcal/min[1]) (entsprechend etwa 130 kcal/min Leistung bei Durchlaufgeräten) nicht an einen Schornstein angeschlossen zu werden, sofern sie jeweils nur minutenweise benutzt werden.

Die Abgase aller Gasgeräte, die längere Zeit benutzt werden, z. B. aller zur Raumheizung dienenden Gasgeräte, ferner aller nur vorübergehend benutzten Gasgeräte, deren Nennbelastung 150 kcal/min[1]) (entsprechend einem Anschlußwert von etwa 2,5 m³/h) übersteigt, sind sachgemäß abzuführen. Jeder einzelne Ausnahmefall unterliegt der besonderen Genehmigung der Gaswerke. Demzufolge eignen sich kleine Warmwasserbereiter nur dann zur Bereitung eines Vollbades, wenn sie an Schornsteine angeschlossen sind.

Ziffer 19.

Die technischen Mittel zur Abführung der Abgase. — Vorgänge in der Abgasleitung.

a) Begriffserklärungen.

Zur Fortleitung der Abgase von den Gasgeräten ins Freie dienen die Abgasleitungen. (Bezüglich Ausführung der Abgasleitungen vgl. Ziffer 26, 27 und 28.)

Die Abgasleitung umfaßt die Gesamtheit aller Abgaswege vom Abgasstutzen des Gerätes bis zur Ausmündung ins Freie.

Schornstein ist der im Gebäude aufwärtsführende Abzugskanal zur Abführung der Verbrennungsprodukte einer oder mehrerer Feuerstätten ins Freie.

Abgasrohr ist die Verbindungsleitung vom Gerät zum Schornstein.

Abgasstutzen ist die Anschlußstelle des Abgasrohres am Gerät.

---

[1]) *Diese Größenangabe ist kein Festwert sondern dient zunächst als vorläufiger Anhalt. Bei der Zulassung von abzugslosen Warmwasserbereitern spielt neben der Belastung bzw. Leistung des Geräts auch die Raumgröße, die Belüftung und Benutzungsdauer des Geräts eine wichtige Rolle. — Vgl. Seite 68, letzter Absatz.*

b) Vorgänge in der Abgasleitung.

Für die Fortbewegung der Abgase wird zumeist die Auftriebsenergie benutzt. Auftrieb entsteht durch die höhere Temperatur der Abgase, die leichter sind als die umgebende Luft (vgl. Zahlentafel 2, S. 31). Infolge des Auftriebs haben die warmen Abgase das Bestreben, aufwärts zu steigen, und ziehen daher von selbst ab. Die Abgasströmung, die auf diese Weise zustande kommt, wird einerseits durch die Größe der Auftriebskraft beherrscht, andererseits durch Widerstände (z. B. Kniestücke, Verengungen usw. in Abgasleitungen), die die Abgase auf ihrem Wege vorfinden.

Die Größe der Auftriebskraft ist abhängig von der Abgastemperatur und der Höhe des Schornsteins. Maßgebend für die Größe des Auftriebs ist nicht die Abgastemperatur am Abgasstutzen des Geräts sondern die mittlere Abgastemperatur im Schornstein, die durch die Temperatur der Schornsteinwandung beeinflußt wird. Infolge Abkühlung der Abgase im Schornstein und Zutritts kalter Luft zu den Abgasen bei undichten Schornsteinen wird die Auftriebskraft verringert. Werden die Abgase sehr stark abgekühlt, so wird außerdem der Taupunkt der Abgase (vgl. Ziffer 6, S. 28) unterschritten, und es muß sich notwendig Feuchtigkeit aus den Abgasen ausscheiden.

Es kommt auch vor, daß die Wandungen des Schornsteins eine tiefere Temperatur haben als die umgebende Luft. Dieser Fall tritt besonders dann ein, wenn infolge eines plötzlichen Wetterumschlages die vorher niedrige Temperatur der Außenluft so schnell ansteigt, daß die Erwärmung des Materials, aus dem der Schornstein oder die umgebenden Wände usw. bestehen, nicht mit der Erwärmung der Außenluft Schritt hält. Die in einem solchen Schornstein befindliche Luft ist kälter und daher schwerer als die wärmere Außenluft. Die Strömungsrichtung in der Abgasleitung muß unter diesen Verhältnissen nach abwärts gerichtet sein, weil die schwerere Luft in der Abgasleitung nach unten sinkt. Die in die obere Schornsteinöffnung eintretende warme Außenluft wird durch die kalten Wandungen ebenfalls abgekühlt und im Gewicht schwerer, so daß der unter dem Einfluß des »Abtriebs« zustande gekommene, abwärts gerichtete Strömungsvorgang so lange andauert, bis die Wandungen des Schornsteins sich auf die Temperatur der Außenluft angewärmt haben. Auch der Temperaturwechsel zwischen Nacht und Tag kann diese Erscheinungen hervorrufen, weshalb am Vormittag, wenn die Schornsteine von der tieferen Nachttemperatur her noch kalt sind, die Außenluft sich aber durch die Sonne schon erwärmt hat, die Schornsteine oft schlecht ziehen. Zur Erzielung einer guten Abführung der Abgase und zur Vermeidung von Feuchtigkeitsausscheidung aus den Abgasen ist der Schornstein gegen starke Abkühlung zu schützen und dicht auszuführen.

Die Einzelwiderstände in Abgasleitungen (z. B. Schornsteineinmündungsstücke, Kniestücke, plötzliche Verengungen) verlangsamen den Strömungsvorgang und verursachen Druckdifferenzen zwischen den in der

Abgasleitung befindlichen Abgasen und der umgebenden Luft. Die Abgase können unter Überdruck und unter Unterdruck stehen. Überdruck entsteht leicht vor Einzelwiderständen, Unterdruck hinter Einzelwiderständen (gesehen in der Strömungsrichtung). Sind Öffnungen oder Undichtheiten in der Abgasleitung an solchen Stellen, an denen die Abgase unter Überdruck stehen, so treten die Abgase aus den Öffnungen aus; ist Unterdruck an diesen Stellen in der Abgasleitung, so strömt von außen die Luft in die Abgasleitung.

Widerstände in Abgasleitungen sind zur Erzielung einer guten Abgasabführung möglichst zu vermeiden.

In Sonderfällen wird von der Abführung der Abgase durch die ihnen eigene Auftriebsenergie abgesehen, und es werden die Abgase mechanisch von einem Ventilator angesaugt und ins Freie gedrückt. Da bei der Absaugung von Abgasen Querschnitt und Führung der Saugleitung sowie Größe des Ventilators genau projektiert werden müssen, sind hierfür genaue Berechnungen erforderlich.

Diese Art der Abführung der Abgase wird z. B. bei Kirchenheizung, Saalheizung, Hallenheizung usw. verwendet, also vor allem dort, wo es sich um lange Abgasrohre handelt, oder wenn aus ästhetischen Gründen die Verlegung von Abgasleitungen unterirdisch erfolgen oder den Augen entzogen werden soll.

Ziffer 20.

Unterschied der Aufgaben der Abgasleitung bei Kohlenfeuerung und Gasfeuerung.

Die Rauchgase von Kohlenfeuerungen und die Abgase von Gasfeuerstätten unterscheiden sich dadurch, daß die Abgase von Gasfeuerstätten nicht Schwelerzeugnisse und Rauch enthalten. Die Abgase von Gasfeuerstätten enthalten zumeist mehr Wasserdampf als die Rauchgase von festen Brennstoffen, wodurch die Möglichkeit von Feuchtigkeitsbildung bei Abkühlung der Abgase von Gasfeuerstätten eher gegeben ist.

Die Vorgänge bei der Abführung der Abgase von Gas- und Kohlenfeuerung sind bei beiden gleich; es besteht jedoch ein Unterschied in den Widerständen, die bei der Kohlenfeuerung besonders wegen des Brennstoffbettes, durch das die Verbrennungsluft bzw. die Verbrennungsgase hindurchtreten müssen, bedeutend größer sind als bei der Gasfeuerung, bei der kein Brennstoffbett vorhanden ist. Ferner muß bei Kohlenfeuerung der im Ofen und im Schornstein erzeugte Auftrieb die Verbrennungsluft ansaugen; bei Gasfeuerung wird die Herbeischaffung der Verbrennungsluft zum Teil durch den Auftrieb im Gerät und besonders auch durch die Ausströmungsenergie des Heizgases selbst vom Brenner besorgt (Abb. 68a und 68b). Zum normalen Betrieb von Kohlenfeuerungen genügt daher der z. B. im Kohlenofen selbst erzeugte Auftrieb allein noch nicht, sondern es muß auch noch der im Schornstein erzeugte Auftrieb der Abgase (gewöhnlich als Schornsteinzug bezeichnet) mitarbeiten; bei

Gasfeuerungen genügt jedoch bereits auch bei voller Leistung der in den Geräten wirkende Auftrieb allein; ein auf das Gasgerät einwirkender und den Strömungsvorgang im Gerät unterstützender Schornsteinzug ist im Gegensatz zu den Kohlenfeuerstätten für die Erzielung einer einwandfreien Verbrennung nicht notwendig sondern sogar schädlich. Der Schornstein oder die Abgasleitung hat bei Gasfeuerstätten daher nur

Die Luftzufuhr erfolgt durch den Auftrieb.

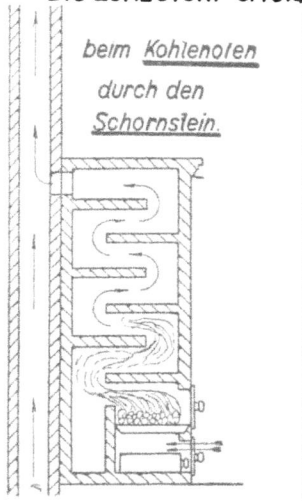

beim Kohlenofen
durch den
Schornstein.

beim Gasofen durch die.
Verbrennungskammer.

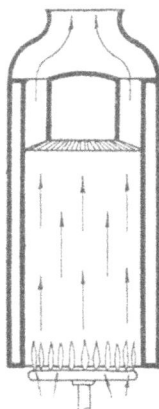

Abb. 68a.   Abb. 68b.

die Aufgabe, die im Gasgerät erzeugten Abgase aufzunehmen und ins Freie abzuführen. Im Schornstein muß selbstverständlich zur Erfüllung dieser Aufgabe Auftrieb herrschen.

Da der Schornsteinzug aus verschiedenen Gründen (vgl. unten) dem Wechsel unterliegt und bei unmittelbarem Anschluß der Gasgeräte an die Schornsteine sämtliche Störungen in der Abgasabführung im Schornstein sich auch auf den Strömungsvorgang der Verbrennungsgase im Gerät und auf den Verbrennungsvorgang ungünstig auswirken würden, wird durch Einschalten von entsprechenden Schutzvorrichtungen (Zugunterbrecher, Stausicherung, Rückstromsicherung) zwischen Gasgerät und Abgasrohr bzw. Schornstein der Strömungsvorgang der Verbrennungsgase in den Gasgeräten unabhängig gemacht von dem Strömungsvorgang der Abgase im Schornstein. Die Gasfeuerstätte ist gegen die im Schornstein auftretenden

Störungen in der Abgasabführung viel empfindlicher als eine Kohlenfeuerstätte.

Die Kohlenfeuerstätte ist bei einem normalen Betrieb auf den rückwärts auf die Kohlenfeuerung einwirkenden Schornsteinzug angewiesen, die Gasgeräte sind dagegen von dem Schornsteinzug mehr oder weniger unabhängig zu machen.

Ein anderer beachtenswerter Unterschied bei der Abführung der Abgase von Kohlenfeuerstätten und Gasfeuerstätten besteht darin, daß die in den Rauchgasen von Kohlenfeuerstätten enthaltene Wärmemenge meist sehr viel größer ist als die in den Abgasen von Gasfeuerstätten. Infolge des geringeren, durch den höheren Wirkungsgrad bedingten »Wärmerestes«, der bei Gasfeuerstätten in den Schornstein gelangt, kühlen sich die Abgase von Gasfeuerstätten stärker ab als solche von Kohlenfeuerstätten; um hierdurch nicht zu viel an Auftriebskraft der Abgase einzubüßen, ist der Verhinderung von Wärmeverlusten in den Abgasleitungen von Gasfeuerstätten durch Auswahl zweckmäßiger Baustoffe (schlechter Wärmeleiter) größere Sorgfalt zu schenken, als dies bei der Abführung der Rauchgase von Kohlenfeuerstätten üblich ist.

Ziffer 21.

Kurze Zusammenfassung der für die Abgasströmung wirksamen Schornsteineinflüsse.

Eine Bewegung des Schornsteininhalts ist nur dann möglich, wenn

1. die Abgassäule in der Abgasleitung ein anderes Gewicht hat als die umgebende Luft (thermische Einflüsse),

oder wenn

2. zwischen Ein- und Ausmündung der Abgasleitung ein Druckunterschied besteht (Druckeinflüsse).

Zu 1. Da der Unterschied in den Raumgewichten von Abgasen und umgebender Luft vor allem auf Temperaturunterschiede zwischen beiden, also auf Einwirkungen durch Wärme zurückzuführen ist, werden diese Einflüsse thermische Einflüsse genannt (Abb. 69). Sie bestehen:

a) in Auftrieb, wenn die Abgassäule leichter als die umgebende Luft ist,

b) in Abtrieb, wenn die Abgassäule schwerer ist.

Der Auftrieb in der Abgasleitung hat das Bestreben, die Abgase in der Richtung nach der Ausmündung der Abgasleitung zu bewegen. Auftrieb verursacht daher eine Zugwirkung.

Der Abtrieb in der Abgasleitung hat das Bestreben, die Abgase in der Richtung auf das Gerät zu zu bewegen. Abtrieb kann daher Rückstrom verursachen.

Zu 2. Die Ausmündung der Abgasleitung kann ganz allgemein unter anderem Druck liegen als die Einmündung (Abb. 70). Ist der Druck p_u unten an der Abgasleitung größer als der Druck p_o oben, so besteht ein

Druckunterschied, demzufolge die Abgase nach der Ausmündung strömen wollen. Ein solcher Druckunterschied wird als zugfördernd bezeichnet.

Ist der Druck p_u unten an der Abgasleitung kleiner als der Druck p_0 oben, so besteht ein Druckunterschied, demzufolge die Abgase nach dem Gerät zu strömen wollen (Rückstrom). Dieser Druckunterschied wird als zughemmend bezeichnet.

Während ein zugfördernder Druckunterschied für die Abgasabführung nur nützlich sein kann, ist ein zughemmender Druckunterschied immer

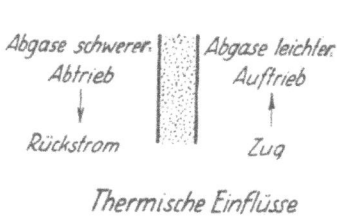

Thermische Einflüsse

Abb. 69.

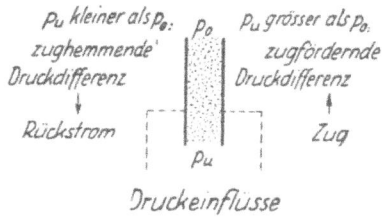

Druckeinflüsse

Abb. 70.

schädlich, weil er die Abgasabführung hemmt oder sogar Rückstrom in der Abgasleitung verursachen und dadurch die Abgasabführung ins Freie unmöglich machen kann. Ein zughemmender Druckunterschied kann in folgenden Fällen entstehen (Abb. 71):

a) Infolge ungünstigen Windanfalls auf die Ausmündung der Abgasleitung (Ziffer 22, 3 a). — Die Beseitigung der Störung erfolgt durch Anordnung einer Windschutzhaube auf der Ausmündung der Abgasleitung (Abb. 71 a).

b) Die Ausmündung der Abgasleitung liegt im Staudruckgebiet. — Die Beseitigung dieser Störung erfolgt durch Verlängerung der Abgasleitung, so daß die Mündung außerhalb des Staudruckgebietes zu liegen kommt (Abb. 71 b).

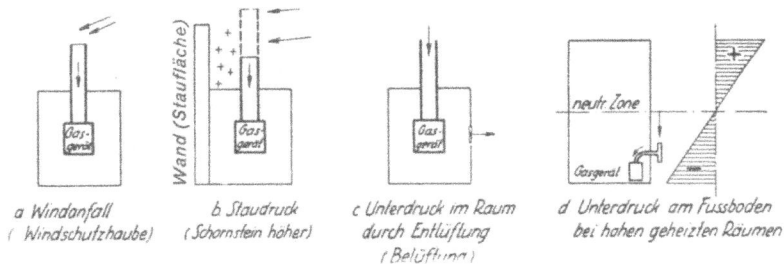

Abb. 71. Die verschiedenen Fälle, bei denen eine zughemmende Druckdifferenz möglich ist.

c) Es herrscht infolge starker Entlüftung überall Unterdruck im Raum.
— Die Beseitigung dieser Störung erfolgt dadurch, daß die E n t -
l ü f t u n g (Absaugung von Raumluft) in eine B e l ü f t u n g (d. h. Einführung von gegebenenfalls vorgewärmter Frischluft mittels Ventilators), also der Unterdruck des Raumes in Überdruck verwandelt
wird (Abb. 71 c).
Auch Wind kann bei entsprechender Wirbelung oder Ablenkung
z. B. durch das Gebäude selbst örtliche Unterdruckgebiete um den
Aufstellungsraum der Feuerstätte legen und dadurch den Raum
selbst unter Unterdruck setzen (vgl. Ziffer 24). Abhilfe kann mitunter
durch Öffnen der gegen den Wind liegenden Fenster und durch
gleichzeitiges Schließen der Fenster an der Gebäudeseite, die dem
Wind abgewandt ist, geschaffen werden, weil auf diese Weise der
Unterdruck im Raum in Überdruck verwandelt werden kann.

d) Das Gerät steht unten in einem hohen geheizten Raum (Theater,
Warenhaus, Treppenhaus); es ist der Fall angenommen, daß die
Abgase mittels eines kurzen Abgasrohres direkt durch die Wand
ins Freie geführt werden. Da in einem hohen geheizten Raum
unten Unterdruck, oben Überdruck herrscht, liegt das Gasgerät in
einem Unterdruckgebiet, demzufolge eine Strömungsrichtung im
Abgasrohr von außen nach dem Gerät zu stattfinden kann (Abb. 71 d).
— Beseitigung dieser Störung ist oft nur dadurch zu erreichen,
daß man entweder Geräte mit g e s c h l o s s e n e m F l a m m e n -
r a u m verwendet, bei denen die Verbrennungsluft aus dem Freien
(nicht aus dem Aufstellungsraum des Geräts) entnommen wird
(vgl. Abb. 59 u. 67), oder die Zugunterbrechung bei Verwendung
von Geräten mit offenem Flammenraum o b e r h a l b d e r
n e u t r a l e n Z o n e (also nicht unmittelbar am Gerät) vorsieht.

In praktischen Fällen treten die genannten thermischen Einflüsse und
Druckeinflüsse nicht getrennt oder nacheinander auf, sondern eine Abgasleitung unterliegt meist mehreren Einflüssen gleichzeitig. Das Zusammenwirken dieser Einflüsse auf die Richtung und Schnelligkeit der Strömung
in der Abgasleitung ist aus Abb. 72 ersichtlich: Auftrieb und ein zugfördernder Druckunterschied bringen gesondert und in der Gesamt-
wirkung eine Strömung in der Abgasleitung in Richtung nach der Ausmündung, also eine Zugwirkung zustande. Abtrieb und zughemmender Druckunterschied verursachen gesondert und gemeinsam eine Strömung in entgegengesetzter Richtung (Rückstrom). Das Zusammenwirken
von Auftrieb und zughemmendem Druckunterschied wie auch von Abtrieb
und zugförderndem Druckunterschied kann Zug oder Rückstrom — je
nachdem, ob der thermische Einfluß oder der Druckeinfluß überwiegt —
oder Stau hervorrufen, wenn beide Einflüsse gleich groß und entgegengesetzt gerichtet sind.

Bei einer guten Abgasabführung spielen sich die Verhältnisse stets rechts
oberhalb der Staulinie (Abb. 72) und genügend weit von ihr entfernt ab.

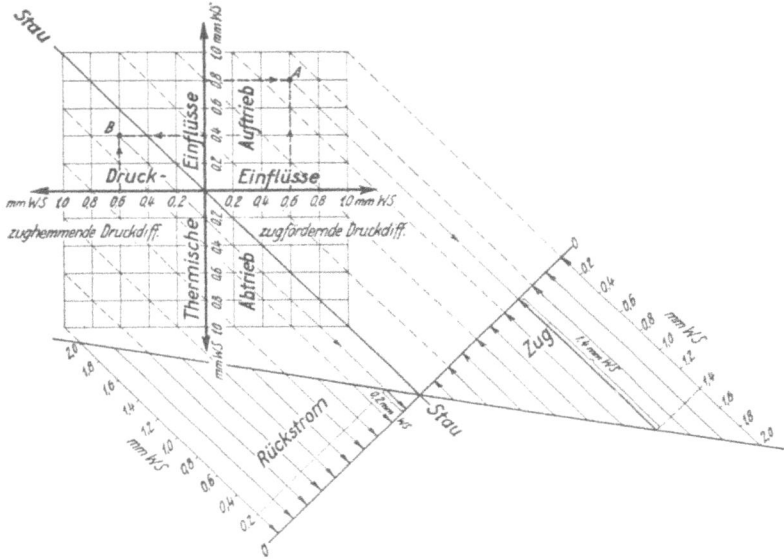

Abb. 72.

Erklärungen zu Abb. 72. Im oberen Diagramm sind auf der Abszisse
die Druckeinflüsse in mm WS, und zwar rechts vom Koordinatenmittelpunkt
(Nullpunkt) die zugfördernden, links die zughemmenden angegeben. Auf der
Ordinate (Senkrechten) sind die thermischen Einflüsse in mm WS angegeben,
oberhalb des Nullpunktes der Auftrieb, unterhalb der Abtrieb. Es entstehen
durch die Koordinatenachsen 4 Felder (Quadranten): eins rechts oben, das
das Zusammenwirken von Auftrieb und zugförderndem Druckunterschied enthält; eins links oben, welches das Zusammenwirken von Auftrieb und zughemmendem Druckunterschied enthält; eins links unten, das das Zusammenwirken von Abtrieb und zughemmender Druckdifferenz enthält, und eins rechts
unten, das das Zusammenwirken von Abtrieb und zugfördernder Druckdifferenz enthält. Das Resultat, das sich aus dem Zusammenwirken von thermischen und Druckeinflüssen in den vier verschiedenen Feldern jeweils für
die Abgasströmung in der Abgasleitung ergibt und Zug, Stau oder Rückstrom
sein kann, wird im rechten unteren Diagramm der Abb. 72 gezeigt: wirkt z. B.
in der Abgasleitung ein Auftrieb von 0,8 mm WS, und steht gleichzeitig die
Abgasleitung unter einem zugfördernden Druckunterschied von 0,6 mm, so
erhält man im oberen rechten Feld des oberen Diagramms den Schnittpunkt A.
Geht man von diesem Punkt in Richtung der gestrichelten Linien (unter 45°
nach rechts unten) in das untere Diagramm, so stellt der angetroffene Pfeil
des unteren Diagramms das Ergebnis der genannten Einflüsse für die Abgas-

führung in Größe und Richtung dar, in diesem Fall also einen Zug (oder genauer: eine für Zugerzeugung der Abgasleitung zur Verfügung stehende Kraft) von (0,8 + 0,6 =) 1,4 mm WS.

Wirkt aber beispielsweise in einer Abgasleitung ein Auftrieb von 0,4 mm WS, und steht dieselbe Abgasleitung gleichzeitig unter einem zunehmenden Druckunterschied von 0,6 mm WS, so findet man für den Punkt B im oberen linken Feld als Resultat des Zusammenwirkens der eben genannten Einflüsse im unteren Diagramm eine nach abwärts gerichtete Kraft (von 0,4 — 0,6 = — 0,2 mm WS) in der Abgasleitung, der zufolge unter den angenommenen Verhältnissen Rückstrom in der Abgasleitung eintreten muß. Wäre die zughemmende Druckdifferenz (z. B. 0,8 mm WS), unter die eine Abgasleitung vorübergehend gerät, ebensogroß wie der in der Abgasleitung gleichzeitig wirksame Auftrieb (also 0,8 mm WS), so fällt der Schnittpunkt auf die Staulinie, d. h. die zur Bewegung des Schornsteininhaltes verfügbare Kraft wird dann Null, wie aus dem unteren rechten Diagramm ersichtlich. Da in diesem Fall die Kräfte gleich, aber entgegengesetzt gerichtet sind und sich daher aufheben, ist ein Zustand der Ruhe (Stau) in der Abgasleitung, die Abgase werden jetzt nicht durch die Abgasleitung ins Freie abgeführt.

Bei anderer Kombination der thermischen und Druckeinflüsse läßt sich an Hand der Abb. 72 in der erläuterten Weise stets das Ergebnis dieses Zusammenwirkens bzw. die aus den verschiedenen Einflüssen resultierende Strömung in der Abgasleitung in Richtung und Stärke im unteren Diagramm erkennen.

Ziffer 22.
Sicherung der Gasgeräte gegen Störungen in der Abgasabführung durch Einbau von Zugunterbrechern, Stausicherungen und Rückstromsicherungen.

Wenn Gasgeräte ohne Zwischenschaltung von Schutzvorrichtungen (Zugunterbrecher, Rückstromsicherungen) unmittelbar an die Schornsteine angeschlossen werden, können folgende Störungen in der gleichmäßigen Abführung der Abgase aus den Gasgeräten eintreten:

1. **Der Schornsteinzug wirkt zu stark auf das Gerät ein** (Abb. 73), d. h. er saugt mehr Verbrennungsluft in das Gasgerät, als normalerweise in das Gasgerät eintreten soll. Hierdurch würde der Wirkungsgrad des Gasgeräts erheblich herabgesetzt. (Der Wirkungsgrad eines Gasheizofens betrug z. B.

bei 0,1 mm WS Zug 80%
» 0,5 mm » » 75%
» 1,0 mm » » 68%.)

Wie in Ziffer 20 erwähnt, muß der Schornstein zwar Zug haben und darf auch starken Zug haben, aber es soll dieser Zug nur im Schornstein wirken und nicht auf das Gasgerät übergreifen. Deshalb ist eine Zugunterbrechung zwischen Gerät und Schornstein vorzusehen. (Über Ausführung der Zugunterbrechung vgl. weiter unten.)

2. Der Schornstein zieht gar nicht (Abb. 74), d. h. es ist keinerlei Bewegung im Schornstein nach aufwärts vorhanden. Dieser Zustand wird als Stau bezeichnet. Stau ist vorhanden, wenn z. B. der Schornstein aus

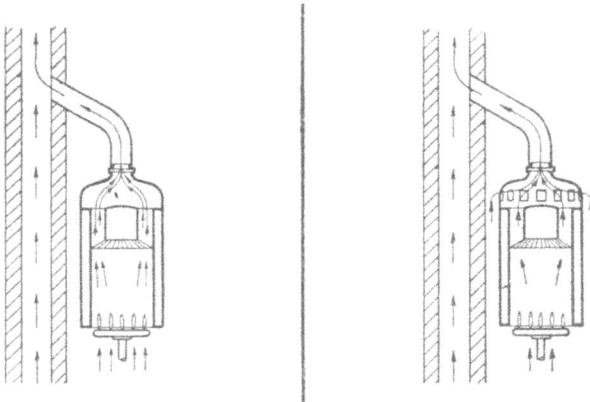

a) Ohne Zugunterbrecher.   b) Mit Zugunterbrecher.
       (falsch)   (richtig)
Abb. 73.   Starker Schornsteinzug.

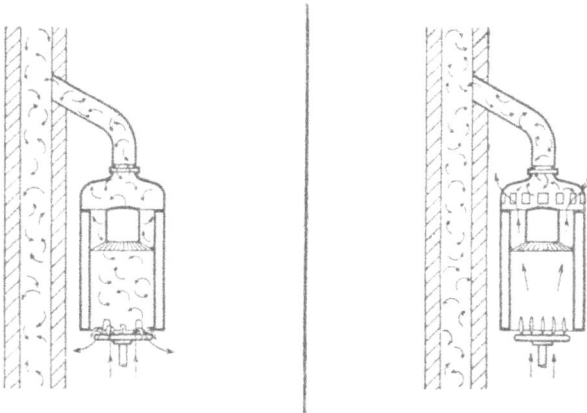

a) Ohne Stausicherung.   b) Mit Stausicherung.
       (falsch)   (richtig)
Abb. 74.   Kein Schornsteinzug (Stau).

irgendwelchen Gründen vorübergehend verlegt ist oder die Temperatur der Abgase oder der Luft im Schornstein gleich der Temperatur der Außenluft ist. Der Zustand des Staues dauert z. B. im letzten Fall so lange, bis beim Anzünden eines Gasgeräts die warmen Abgase die vorher unbewegliche Luftsäule im Schornstein in Bewegung gesetzt haben. Da bei Stau die Abgase des Gasgeräts unbedingt aus dem Gerät abgeführt werden müssen zur Vermeidung der unvollkommenen Verbrennung, müssen die Abgase, da sie ja nicht durch den Schornstein abgeführt werden, aus einer

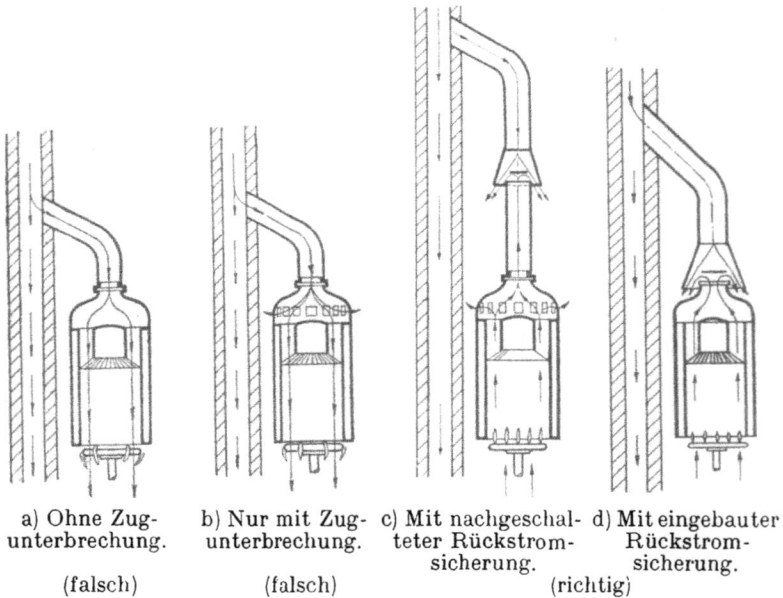

a) Ohne Zug-	b) Nur mit Zug-	c) Mit nachgeschal-	d) Mit eingebauter
unterbrechung.	unterbrechung.	teter Rückstrom-	Rückstrom-
		sicherung.	sicherung.
(falsch)	(falsch)		(richtig)

Abb. 75. Rückströmung im Schornstein.

Öffnung in den Raum austreten können. Die Zugunterbrechung und die weiter unten aufgeführte Rückstromsicherung müssen so ausgebildet sein, daß sie im Falle des Staues die Abgase aus diesen Schutzvorrichtungen austreten lassen können, ohne daß eine wesentliche Beeinflussung des Verbrennungsvorgangs eintritt.

3. Im Schornstein ist eine Abwärts- oder Rückströmung (Abb. 75).

Da auch bei vorübergehendem Rückstrom im Schornstein die Abgase aus dem Gerät entweichen müssen, ohne daß eine wesentliche Beeinflussung des Verbrennungsvorgangs stattfindet, wird eine Rückstromsicherung vorgesehen; dann können die aus dem Schornstein zurückströmenden Abgase bzw. Luftmengen ohne Einwirkung auf das Gasgerät zusammen mit den Abgasen des Geräts in den Raum austreten.

Eine Abführung der Abgase ist auch dann unmöglich, wenn der Aufstellungsraum des Geräts (Badezimmer) vollständig dicht abgeschlossen ist, weil die durch die Abgasleitung aus dem Raum entweichenden Abgase nicht schnell genug durch Luft von außen ersetzt werden können und daher Unterdruck im Aufstellungsraum entsteht (Abb. 76). Bei kleineren Räumen, in denen Geräte mit größerem Gasverbrauch aufgestellt sind (Badezimmer), ist daher stets für ausreichende Belüftung zu sorgen. (Vgl. Abschnitt II Ziffer 11 f, S. 65.)

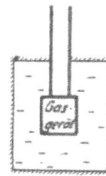

Der Wirkungsbereich der genannten Schutzvorrichtungen ist folgender:

Eine Rückstromsicherung verhindert nicht den Rückstrom im Schornstein sondern schützt den Verbrennungsvorgang im Gerät gegen die Einwirkungen von vorübergehendem Rückstrom im Schornstein und außerdem gleichzeitig gegen die anderen vorher genannten Störungen in der Abgasabführung, also gegen Einwirkung des Schornsteinzuges auf das Gasgerät und gegen Stau; sie ist daher eine Vorrichtung, die den Strömungsvorgang der Verbrennungsgase in den Gasgeräten gänzlich unabhängig macht von dem Strömungsvorgang der Abgase im Schornstein.

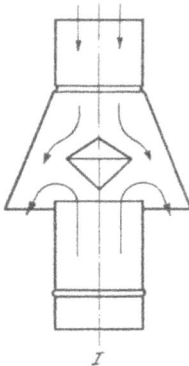

Abb. 76.
Stau infolge Dichtheit der Umfassungswände (Lüftungsöffnung unbedingt erforderlich).

Abb. 77.
Rückstromsicherung bei senkrechter Lage der Achse des Abgasrohrs bzw. Abgasstutzens am Gerät.

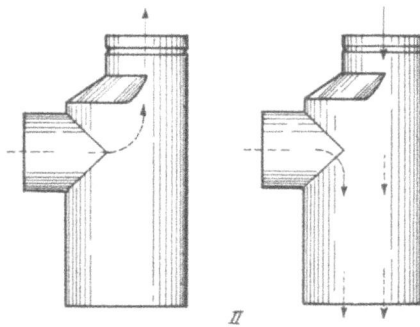

Abb. 78.
Rückstromsicherung bei waagrechter Lage der Achse des Abgasrohrs bzw. Abgasstutzens am Gerät.

7

Ein richtig gebauter Zugunterbrecher schützt gleichzeitig gegen Einwirkung des Schornsteinzuges auf das Gerät und gegen Stau (also nicht auch gegen Rückstrom); er ist daher eine Vorrichtung, durch die teilweise eine Unabhängigkeit des Strömungsvorgangs im Gerät von dem Strömungsvorgang in der Abgasleitung erreicht wird.

Die Rückstromsicherung und ebenfalls die Zugunterbrechung können in die Gasgeräte eingebaut, d. h. konstruktiv fest mit ihnen verbunden sein oder auch den Gasgeräten nachgeschaltet werden, wenn den Gasgeräten die betreffende Schutzvorrichtung nicht eingebaut ist (zusätzliche Rückstromsicherung bzw. Zugunterbrechung). Ist einem Gerät eine Zugunterbrechung eingebaut, und soll dieses Gerät noch gegen Rückstrom gesichert werden, so ist eine zusätzliche, auf das Gerät abgestimmte Rückstromsicherung dem Gerät nachzuschalten (vgl. Ziffer 26 A).

Die Stau- und Rückstromsicherungen können unter Umständen je nach der Bauart des Gerätes auch Nachteile für die einwandfreie Abgasabführung mit sich bringen, z. B. durch zu starke Abkühlung der Abgase (Schwitzwasserbildung), Verkleinerung der Anschubwirkung auf den Schornsteininhalt, größeren Brennstoffverbrauch. Die Notwendigkeit des Einbaues und die Bauweise der Sicherungen ist daher gegebenenfalls unter diesen Gesichtspunkten sorgfältig zu beurteilen.

Abb. 77 und 78 stellen vielfach gebräuchliche Ausführungsformen von zusätzlichen Rückstromsicherungen dar; in Abb. 79 ist die Ausführung eines in einen Warmwasserbereiter eingebauten Zugunterbrechers, in Abb. 80 die Ausführung einer in einen Warmwasserbereiter eingebauten Rückstromsicherung und in Abb. 81 die Ausführung einer in einen Gasradiator eingebauten Rückstromsicherung im Schema wiedergegeben.

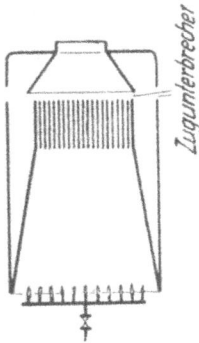

Abb. 79.	Abb. 80.	Abb. 81.
Warmwasserbereiter mit eingebauter Zugunterbrechung.	Warmwasserbereiter mit eingebauter Rückstromsicherung.	Gasradiator mit eingebauter Rückstromsicherung.

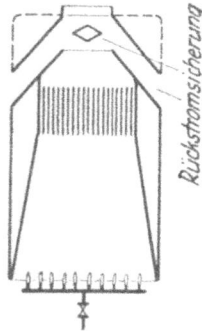

Über die Lage der zusätzlichen Rückstromsicherung beim Anschluß der verschiedenen Gasgeräte an die Schornsteine vgl. Ziffer 26 A. Die zusätzlich eingebauten Rückstromsicherungen müssen sich stets in den gleichen Räumen befinden, in denen die Gasgeräte aufgestellt sind; sonst können diese Schutzvorrichtungen nicht richtig arbeiten und verfehlen ihren Zweck. Die Wirkungsweise einer Rückstromsicherung kann man dadurch kontrollieren, daß man die Zugstärke in der Abgasleitung (etwa durch Aufsetzen von Abgasrohren) vergrößert — Prüfung auf Zugsicherheit —, ferner daß man die Abgasleitung nach der Rückstromsicherung gänzlich abdeckt — Prüfung auf Stausicherheit — und daß man einen Rückstrom bis etwa 3 m/s in der Abgasleitung (ev. mittels Ventilator) erzeugt — Prüfung auf Rückstromsicherheit. In allen 3 Fällen darf der Verbrennungsvorgang im Gerät nicht wesentlich beeinflußt werden (an der Veränderung des Kohlensäure- und etwaigen Kohlenoxydgehaltes der Abgase vor der Rückstromsicherung erkennbar). Die Prüfung der Wirkungsweise einer Zugunterbrechung geschieht in der gleichen Weise, jedoch unter Fortlassung der Prüfung auf Rückstromsicherheit.

Bei dauerndem Rückstrom (z. B. wenn ständig großer Unterdruck im Aufstellungsraum des Geräts — Ziffer 22, 3 c — oder wenn ständig Überdruck an der Schornsteinausmündung ist — Ziffer 22, 3 b) ebenso bei dauerndem Stau (z. B. Abgasleitung ist aus irgendwelchen Gründen verlegt) würden die Abgase auch dauernd in den Aufstellungsraum durch die Rückstrom- bzw. Stausicherung treten. In solchen Fällen verhindern die Sicherheitsvorrichtungen zwar die unvollkommene Verbrennung des Heizgases, jedoch sind derartige Anlagen wegen des ständigen Austritts der Abgase unbrauchbar und daher entweder in Räume zu verlegen, bei denen die genannten Schwierigkeiten nicht bestehen, oder es ist die Entlüftung des Raumes, bei der im Raum Unterdruck entsteht, in eine Belüftung, bei der im Raum Überdruck entsteht, abzuändern. Würde man in solchen Fällen die Schutzvorrichtungen (Rückstrom- bzw. Stausicherung) entfernen oder verstopfen, so würde man die Verhältnisse nur verschlechtern, weil dann die Gefahr der unvollkommenen Verbrennung entsteht.

Läßt sich in diesen Fällen der mangelhafte Schornstein nicht verbessern, so muß eine andere Abgasleitung gefunden werden.

Ziffer 23.
Windschutzhauben als Schutz des Schornsteins gegen störende Windeinflüsse.

Die Rückstromsicherung und in beschränktem Maß auch die Zugunterbrechung schützt den Verbrennungsvorgang in den Gasgeräten vor den Störungen im Schornstein. Damit nun die Rückstromsicherungen bei Gasfeuerstätten, die an ungünstig gelegenen Stellen oder Orten aufgestellt sind, nicht zu oft in Tätigkeit treten müssen und Abgase in größeren Mengen aus der Rückstromsicherung in den Raum nicht austreten, schützt man in solchen Fällen auch noch den Strömungsvorgang im Schornstein vor den ungünstigen Einflüssen des Windes durch Windschutzhauben (auch Sauger oder Schornsteinaufsätze genannt). Abb. 82 zeigt beispielsweise eine Bauart von Windschutzhauben. Sie werden auf die Ausmündungen der Abgasleitungen gesetzt und sollen durch die Eigenart ihrer Form die Strömungsenergie der sie umströmenden Luft zur Erzeugung von Unterdruck (Saugung) in der Windschutzhaube und im Innern der Schornsteinmündung ausnutzen, gleichgültig, ob die Luft von unten, seitlich oder von oben auf die Haube trifft. Gleichzeitig sollen die Windschutzhauben den Eintritt von Regen in den Schornstein verhindern. Ob eine Windschutzhaube notwendig oder entbehrlich ist, hängt von den Windverhältnissen und der örtlichen Lage ab, z. B. von in der Nähe befindlichen hohen Häusern, Türmen, Bäumen, Bergen od. dgl., wodurch die Windverhältnisse in der Nähe der Schornsteinmündung beeinflußt werden. Es läßt sich von vornherein oft nicht angeben, ob bei einer neu erbauten Abgasleitungsanlage eine Windschutzhaube erforderlich ist.

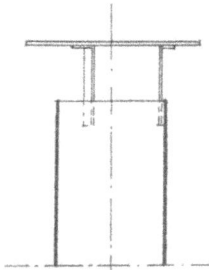

Entsprechend ihrer Konstruktion kann eine Windschutzhaube den Strömungsvorgang im Schornstein nur gegen die Einwirkungen von strömender Luft schützen. Staut sich jedoch der Windstrom an Wandflächen od. dgl., die in der Nähe der Schornsteinausmündung liegen, so bildet sich Überdruck vor der Wand. Gegen Staudruck ist eine Windschutzhaube wirkungslos. Man kann sich hiergegen nur dadurch schützen, daß die Schornsteinausmündung außerhalb des Staudrucks und bei jeglichem Windanfall in den freien Windstrom zu liegen kommt.

Abb. 82.
Meidinger-Scheibe
(Windschutzhaube).

Die Windschutzhaube muß so gebaut sein, daß sie ein Kehren des Schornsteins gestattet, oder es muß unterhalb im Schornstein eine verschließbare Öffnung (Putztür) vorgesehen werden. — Ferner ist bei der Konstruktion der Windschutzhauben Rücksicht zu nehmen auf die Verhinderung einer Vereisung.

Ziffer 24.

Das Haus im Windstrom.

Die ungünstige Einwirkung des Windes auf die Abführung der Abgase besteht nicht allein darin, daß der Wind in die Schornsteinausmündung bläst und dadurch das Entweichen der Abgase aus dem Schornstein mehr oder weniger verhindert, sondern der Wind erzeugt bei der Umströmung von Gebäuden Gebiete verschiedenen Luftdrucks unmittelbar am Gebäude, und zwar entsteht auf der dem Winde zugewandten Seite (Luv) des Gebäudes ein Überdruck, auf der Rückseite (Lee) Unterdruck. Diese an den Außenseiten des Gebäudes auftretenden Druckverhältnisse greifen auch auf das Innere des Hauses über in der Weise, daß die Räume auf der dem Wind zugewandten Seite unter Überdruck, die Räume auf der Leeseite unter Unterdruck geraten. Die Drücke im Innern des Hauses sind jedoch schwächer als die Drücke an den Außenseiten des Gebäudes. Wenn der Schornsteinkopf im Gebiet hohen Druckes liegt, oder wenn die Abgase durch die Wand ins Freie geleitet werden, können bei solchen Druckverhältnissen leicht Rauchgase der Kohlenfeuerstätten und Abgase der Gasfeuerstätten in das Zimmer zurückgedrückt werden. Man schafft Abhilfe dagegen, indem man ein Fenster an der dem Wind ausgesetzten Wand des Zimmers öffnet; dann ist auch im Raume ein ebenso hoher Druck wie außen, und die Abgase können entweichen.

An der dem Wind abgewandten Seite des Hauses (Lee) entsteht ein Unterdruck; in den Zimmern auf dieser Seite bildet sich ebenfalls ein Unterdruck, der aber kleiner ist als außen. Jetzt können die Abgase und Rauchgase häufig nicht entweichen, weil die Ausmündungen der Abgasleitungen und Schornsteine unter höherem Druck liegen als das Innere des Raumes, in dem das Gasgerät aufgestellt ist (zughemmende Druckdifferenz). Das Öffnen eines Fensters an der Leeseite hat keinen Zweck, wohl aber das Öffnen eines Fensters an der Luvseite des Hauses und das gleichzeitige Öffnen dazwischenliegender Türen. Zumeist brauchen die Fenster nur kurze Zeit geöffnet zu sein. Wenn nämlich der Schornstein erst angewärmt ist, dann ist gewöhnlich der Auftrieb so stark geworden, daß der Einfluß des zughemmenden Druckunterschiedes aufgehoben wird. Erfolgen aber trotzdem noch weitere Rückströme, dann muß die Schornsteinausmündung aus dem Gebiet des hohen Druckes herausgebracht werden, entweder durch Hochmauern oder durch Aufsetzen einer Windschutzhaube, falls der Wind von oben in die Ausmündung kommt.

Über die durch den Wind hervorgerufenen Strömungen und Wirbelbildungen bei Gebäuden und geschlossenen Häuserblöcken kann man sich durch Ausstreuen von Papierschnitzeln od. dgl. oftmals ein Bild machen, das für den vorliegenden Zweck Auskunft gibt. Dabei ist jedoch Voraussetzung, daß zur Zeit des Versuchs gerade die ungünstigsten Windverhältnisse vorliegen. Anderseits kann man sich durch Versuche an Modellen im Windstrom Klarheit über die Strömungsverhältnisse schaffen. In Abb. 83 bis 86 sind die Strömungsverhältnisse wiedergegeben, die sich bei verschiedenen Modellversuchen in strömendem Wasser ergeben haben. Die Strömungsbilder bei Versuchen im Luftstrom würden ähnlich ausfallen. Aus solchen Strömungsbildern kann man Schlüsse über die auftretende Druckverteilung an den Außenseiten eines Hauses und daher über die Einwirkung des Windes auf die Abgasabführung ziehen. Die hier auszugsweise[1]) wiedergegebenen Strömungsbilder dienen lediglich zur Veranschaulichung der bei Gebäuden auftretenden Luftströmungen und

---

[1]) *Vgl. Techn. Monatsblätter für Gasverwendung, Jahrgang VI (vom Sept. 1930), S. 1—13.*

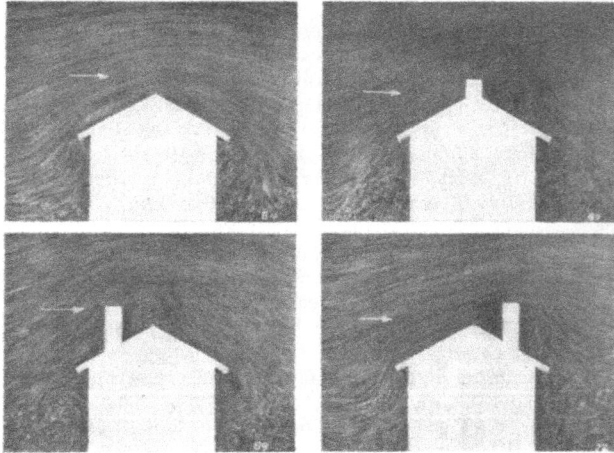

Abb. 83. Das Haus im Windstrom.

Wirbel, bezwecken also die Unterstützung der Vorstellung und die Stär-
kung des »Fingerspitzengefühls« hinsichtlich der Wirkung von Windströ-
mungen auf die Abgasabführung. Nicht nur Einzelhäuser sondern be-

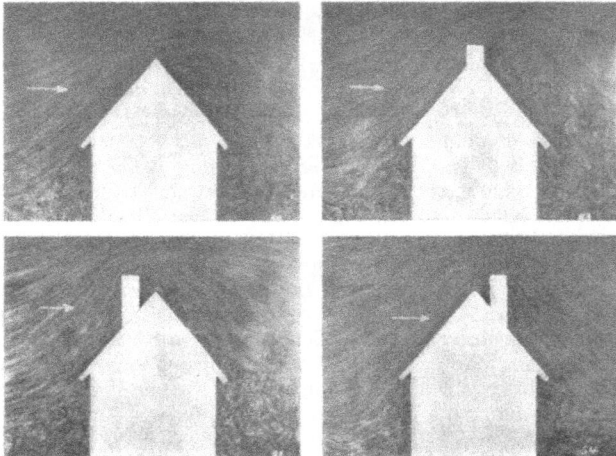

Abb. 84. Das Haus im Windstrom.

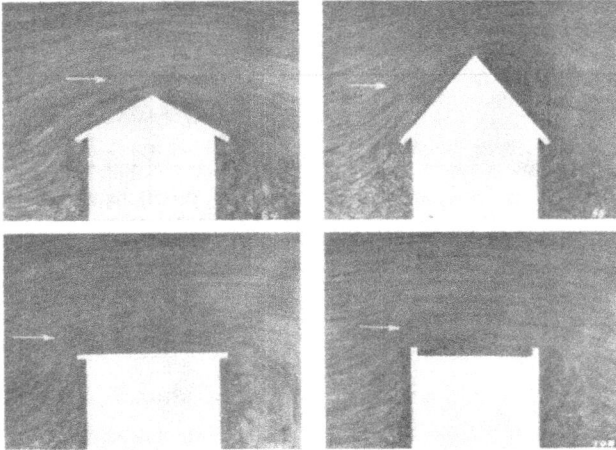

Abb. 85. Das Haus im Windstrom.

sonders auch geschlossene Häuserblocks sind den obigen Störungen durch Wind ausgesetzt.

Abb. 83 stellt die Strömungsverhältnisse bei einem Haus mit flach geneigtem Dach bei verschiedener Lage des Schornsteins dar, Abb. 84

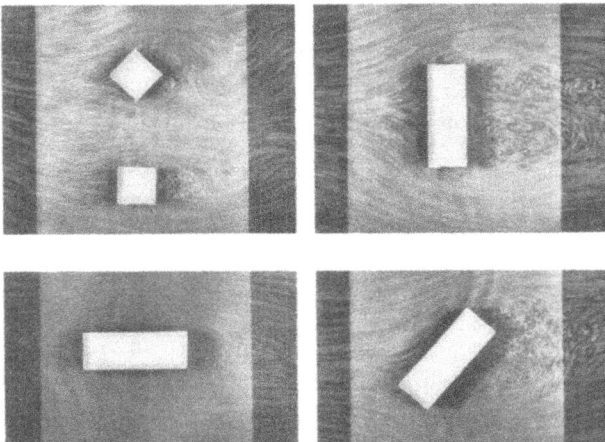

Abb. 86. Das Haus im Windstrom.

desgl. bei einem Haus mit steilem Dach. In Abb. 85 sind verschiedene Dachformen bei waagerechtem Winde zusammengestellt. Besonderes Interesse verdienen die Ablösungen und Wirbelungen auf den flachen Dächern, die zu erheblichen Zugstörungen führen. Deshalb ist die früher für flache Dächer gebräuchliche Schornsteinhöhe von 30 cm über Dach fehlerhaft; die Notwendigkeit, gerade bei flachen Dächern die Schornsteinausmündung nachträglich höher zu legen, wird durch diese Bilder erklärt. Die Abb. 86 zeigt zwei verschiedene Schornsteine, einen quadratischen und einen rechteckigen, die in verschiedener Richtung vom Winde umströmt werden. Deutlich ist das seitliche Ausbiegen des Windes zu erkennen, und hinter dem Schornstein bildet sich ein Wirbelfeld, das sich bei Auftreffen des Windes auf die breite Seite des Schornsteines erheblich weit ausdehnt. Wenn nun in der Nähe dieser Wirbelung eine weitere Schornsteinmündung liegt, wird sie ziemlich leicht ungünstig beeinflußt werden.

Ziffer 25.
Weite der Abgasrohre und Schornsteine.

Die richtige Bemessung und Ausführung von Abgasleitungen ist eine der wichtigsten Voraussetzungen für hygienisch einwandfreie und zweckentsprechende Wirkung der Gasfeuerstätten.

Die Weite einer Abgasleitung richtet sich nicht allein nach der Größe des Gasverbrauchs oder nach der anfallenden Abgasmenge sondern auch nach den Widerständen in der Abgasleitung und nach der zur Verfügung stehenden Auftriebskraft. Bei großer Auftriebskraft (d. h. bei hoher Temperatur der Abgase) und bei geringen Widerständen in der Abgasleitung (z. B. einer geraden, senkrechten Abgasleitung ohne Verengungen) kann die Weite der Abgasleitung bei sonst gleicher Abgasmenge kleiner ausfallen, als wenn der Auftrieb nur schwach ist und die Abgasleitung viele Widerstände (Krümmer usw.) besitzt. Die rechnerische Bestimmung des erforderlichen freien Querschnitts einer Abgasleitung ist wegen der vielen in Frage kommenden und von vornherein oft unbekannten Einflüsse ziemlich umständlich. Die Rechnung läßt sich unter Annahme gewisser Verhältnisse immer durchführen und muß auch für besondere Verhältnisse gemacht werden[1]), aber bei den Abgasleitungen von Hausgeräten kann meistens davon abgesehen werden, und es genügt dann die Bestimmung der Weite der Abgasrohre und Schornsteine nach dem Gasverbrauch des Gasgeräts in A n l e h n u n g an Zahlentafel 9. Diese Zahlentafel bezieht sich auf die Verwendung von Stadtgas von etwa 3600 kcal unterem Heizwert (15° C, 760 mm Q. S.).

Bei vermutlich schlechten Abzugsverhältnissen und langen horizontalen oder schrägen Leitungen sind die Abmessungen der Abgasleitung etwas

---

[1]) Vgl. »Auftriebsverhältnisse bei Feuerungen unter besonderer Berücksichtigung der Gasfeuerstätten« von Baurat Dr.-Ing. Schumacher, Verlag Oldenbourg, München.

Zahlentafel 9.
Weiten der Abgasleitungen.

Wärmebelastung der an d. Abgasleit. angeschlossenen Gasgeräte kcal/min	Stadtgasverbrauch der an d. Abgasltg. angeschlossenen Gasgeräte (bei Gasheizwert $H_u =$ 3 600 kcal/m³) l/min	m³/h	entsprechend. Brennstoffverbr. von Kohlenfeuerstätten etwa kg/h	lichter φ d. Abgasleitg. aus Blech od. Asbestzement siehe Anmerkg. cm	licht. Querschnitt d. Schornsteins aus Ziegelmauerwerk cm²	gebräuchl. Innenabmessg. cm
110 bis 145	30 ÷ 40	1,8 : 2,4	0,45 : 0,60	8		
über 145 bis 250	40 : 70	2,4 ÷ 4,2	0,60 ÷ 1,05	9		
» 250 bis 320	70 : 90	4,2 ÷ 5,4	1,05 ÷ 1,35	10	200	14/14
» 320 bis 400	90 : 110	5,4 : 6,6	1,35 : 1,65	11		
» 400 bis 500	110 ÷ 140	6,6 : 8,4	1,65 ÷ 2,10	12		
» 500 bis 610	140 : 170	8,4 : 10,2	2,10 : 2,55	13		
» 610 bis 720	170 ÷ 210	10,2 ÷ 12,6	2,55 : 3,15	14		
» 720 bis 970	210 : 270	12,6 : 16,2	3,15 : 4,05	15	300	14/20 oder 18/18 „ 20 φ
» 970 bis 1200	270 : 330	16,2 : 19,8	4,05 : 5,00	16		
» 1200 bis 1450	330 : 400	19,8 : 24,0	5,00 ÷ 6,00	17	450	20/20 oder 24 φ
» 1450 bis 1750	400 : 480	24,0 : 29,0	6,00 : 7,25	18		
» 1750 bis 2000	480 : 560	29,0 : 34,0	7,25 : 8,5	19	600	25/25 oder 28 φ
» 2000 bis 2350	560 : 650	34,0 : 39,0	8,5 : 9,8	20		
» 2350 bis 2650	650 ÷ 730	39,0 : 44,0	9,8 : 11,0	21		
» 2650 bis 2900	730 : 810	44,0 : 49,0	11,0 : 12,0	22		
Spalte 1	2	3	4	5	6	7

Anmerkungen zu Spalte 5:

1. Bei rechteckigen Rohren mit glatter Innenfläche kann der freie Querschnitt gleich dem für runde Rohre gewählt werden, sofern das Seitenverhältnis 1,5:1 nicht überschreitet. Bei rauhen Innenflächen oder anderen Abmessungsverhältnissen ist der gleichwertige Innendurchmesser nach der Formel $d = \dfrac{2 \cdot m \cdot n}{m + n}$ cm zu errechnen, worin m und n die Innenseiten des Rechteckrohres sind. Die Rechteckrohre rangieren nach diesem errechneten gleichwertigen Innendurchmesser in Spalte 5 ein.

   Beispiel: Ein Rechteckrohr von 12/20 cm ist gleichwertig einem Rundrohr von $\dfrac{2 \cdot 12 \cdot 20}{12 + 20} = 15$ cm Durchmesser.

2. Sind Rundrohre für den betreffenden Innendurchmesser oder Rechteckrohre für den betreffenden gleichwertigen Innendurchmesser aus dem in Aussicht genommenen Material im Handel nicht zu haben, so ist stets ein Rohr mit den nächstgrößeren vorhandenen Abmessungen zu verwenden.

größer zu wählen, als in der Zahlentafel 9 angegeben. **Die lichte Weite der Abgasleitung soll — unabhängig von den Tabellenwerten — nie kleiner sein als die Weite der Abgasstutzen an den Gasgeräten.**

Die zu Anfang des Abgasrohres genommene Querschnittsgröße muß beim ganzen Rohr beibehalten werden; bei Aufnahme von anderen Abgasrohren tritt eine entsprechende Querschnittsvergrößerung ein (vgl. unten).

Werden die Abgasrohre mehrerer einzelner Gasgeräte zu einer Sammelleitung vereinigt, so muß der Durchmesser der Sammelleitung jeweils so groß sein, wie er sich nach Zahlentafel 9 bei Zugrundelegung des Gesamtgasverbrauchs (gleich Summe der Gasverbräuche der Einzelgeräte) ergibt.

Beispiel. 2 Geräte mit 100 und 150 l/min Gasverbrauch sollen an ein gemeinsames Sammelabgasrohr angeschlossen werden. Die Durchmesser der einzelnen Abgasrohre der Gasgeräte betragen nach Zahlentafel 9 11 und 13 cm (gegebenenfalls sind die Durchmesser entsprechend den Weiten der Abgasstutzen an den Gasgeräten zu wählen, wenn diese Weiten nicht kleiner als die Tabellenwerte sind). Das Sammelabgasrohr bekommt einen Durchmesser entsprechend einem Gasverbrauch von 100 + 150 = 250 l/min nach Zahlentafel 9, also einem Durchmesser von 15 cm.

Ziffer 26.
Ausführung des Anschlusses der Gasgeräte an Schornsteine.

A. Allgemeine Anordnung oder Führung des Abgasrohres.

Bei der Verlegung des Abgasrohres hat man bezüglich Abgasabführung 3 Arten von Gasgeräten zu unterscheiden:

1) Geräte mit eingebauter Rückstromsicherung,
2) Geräte mit eingebauter Zugunterbrechung,
3) Geräte ohne jede Abgasschutzvorrichtung (Geräte veralteter Bauart).

Zu 1) Geräte mit eingebauter Rückstromsicherung werden immer unmittelbar mit Abgasrohren an den Schornstein angeschlossen; eine weitere zusätzliche Sicherung (z. B. gegen Rückstrom) darf hier in dem Abgasrohr nicht mehr vorgesehen werden. Das Abgasrohr ist bei Geräten mit vertikaler Lage des Abgasstutzens zweckmäßig zunächst als gerades Rohrstück von wenigstens 25 cm Länge auszuführen, das lotrecht auf das Gerät zu setzen ist (Anlaufstrecke)[1] (Abb. 87); erst dann darf man mit einem Krümmer in den Schornstein gehen (gegebenenfalls unter Verwendung eines geraden, mit Steigung nach dem Schornstein hin zu verlegenden Rohrstücks). Bei Geräten mit horizontaler Lage der

---

[1] *Anlaufstrecken sind auftriebliefernde senkrechte Rohrlängen, die dazu dienen, den Abgasen die Überwindung von Widerständen besonders bei Beginn der Abgasströmung zu erleichtern und dadurch eine schnellere Abgasabführung bei Inbetriebnahme von Geräten zu erreichen.*

I Gerät mit eingebauter Rückstromsicherung

II Gerät mit eingebauter Zugunterbrechung

III Gerät ohne eingebaute Abgasschutzvorrichtig

Achse des Abgasstutzens

senkrecht

wagerecht

Gerät

± 25 cm

Gerät

± 20 cm

a) ohne Zwischenschaltung einer Rückstr.-Sich.

wagerecht

b) mit Zwischenschaltung einer Rückstr.-Sich.

Gerät

± 20 cm ± 20 cm

senkrecht

Gerät

± 20 cm ± 5 cm

wagerecht

a) Anschluss ohne Schutzvorrichtung

b) Anschluss unter Zwischenschaltg einer Zugunterbrechg

c) Anschl. unter Zwischenschaltg e. Rückstromsichg

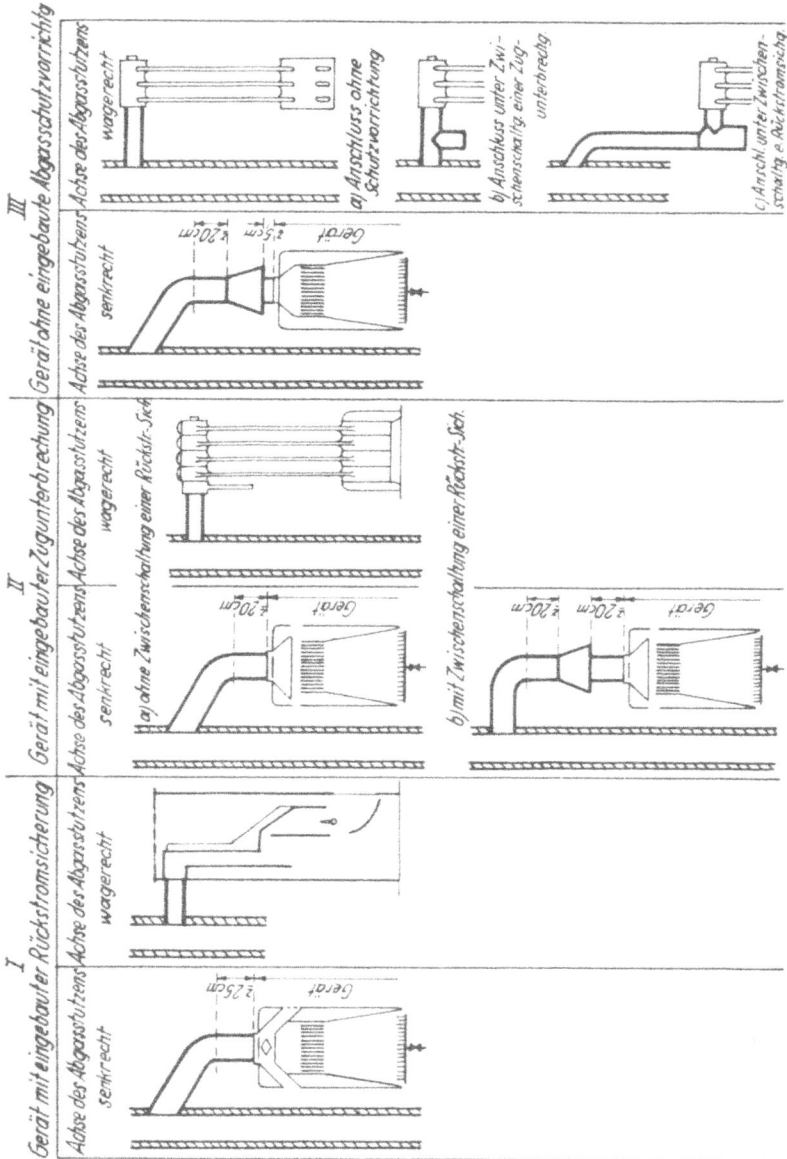

Abb. 87. Ausführung des Anschlusses der Gasgeräte an Schornsteine.

Achse des Abgasstutzens kann das Abgasrohr als waagerechtes Rohr — gegebenenfalls mit etwas Steigung nach dem Schornstein hin — ausgeführt werden.

Zu 2) Geräte mit eingebauter Zugunterbrechung können in gleicher Weise wie die Geräte mit eingebauter Rückstromsicherung an die Schornsteine angeschlossen werden, wenn eine Sicherung gegen Rückstrom als nicht notwendig angesehen wird. Wird jedoch die Rückstromsicherheit bei diesen Geräten gefordert, so ist dem Gerät noch eine zusätzliche Rückstromsicherung in folgender Weise nachzuschalten:

a) Bei Geräten mit vertikaler Lage der Achse des Abgasstutzens: Auf ein normgerechtes Gerät ist die von der Gerätefirma mitzuliefernde und auf das Gerät abgestimmte Rückstromsicherung (etwa nach Abb. 77) mit anhängender Anlaufstrecke zwischen Gerät und Rückstromsicherung einzuschalten.

Bei älteren Geräten muß zwischen Abgasstutzen und Rückstromsicherung eine so große Anlaufstrecke zwischengeschaltet werden, daß Abgasaustritt am eingebauten Zugunterbrecher des Geräts bei Zug und Stau sicher vermieden ist (vergl. Ziff. 29). Ist dies bei der zur Verfügung stehenden Raumhöhe nicht möglich, so ist ein anderes, hierfür geeignetes Gerät zu verwenden.

Nach der Rückstromsicherung ist in beiden Fällen möglichst wieder ein gerades senkrechtes Rohrstück (Anlaufstrecke) von wenigstens 20 cm Länge zu verwenden und dann mit einem Krümmer in den Schornstein zu gehen.

b) Bei Geräten mit horizontaler Lage der Achse des Abgasstutzens: Auf den waagerechten Abgasstutzen des Geräts ist eine auf das Gerät abgestimmte und von der Gerätefirma mitzuliefernde Rückstromsicherung etwa nach Ausführung Abb. 78 zu schieben, dann auf den oberen senkrechten Rohrschenkel ein gerades senkrechtes Rohrstück (Anlaufstrecke) zu setzen, so daß die Entfernung Mitte Achse des Abgasstutzens bis obere Kante des senkrechten Rohrstücks wenigstens $4\,d$ (d = Durchm. des Abgasrohres) wird, dann mit einem Krümmer in den Schornstein zu gehen. Der untere, freie Rohrschenkel soll eine Länge von etwa $2\,d$ besitzen (gerechnet von Mitte Achse des waagerechten Abgasstutzens ab).

Zu 3) Geräte ohne jede eingebaute Abgasschutzvorrichtung (die in Zukunft nicht mehr gebaut werden sollen) werden in folgender Weise an den Schornstein angeschlossen:

c) Bei Geräten mit vertikaler Lage der Achse des Abgasstutzens: Auf das Gerät ist unter Zwischenschaltung einer entsprechend großen[1])

---

[1]) *Die Länge der Anlaufstrecke richtet sich nach dem Widerstand im Gerät; sie ist so zu bemessen, daß die Leistung des Geräts unter Einhaltung der vorgeschriebenen Abgaszusammensetzung (Ziff. 11h und Ziff. 12h) erreicht wird. Ist die Anlaufstrecke bei der zur Verfügung stehenden Raumhöhe nicht unterzubringen, so ist ein anderes Gerät mit geringerer Gesamtbauhöhe (Gerät einschließlich Abgasinstallation) zu verwenden.*

Anlaufstrecke eine Rückstromsicherung etwa nach Ausführung Abb. 77 zu setzen (zwischen Unterkante der kegelförmigen Erweiterung der Rückstromsicherung und der Abschlußhaube des Gerätes muß immer genügend freier Querschnitt zum Entweichen der Abgase bei Stau und Rückstrom bleiben), auf die Rückstromsicherung ein gerades, senkrechtes Abgasrohrstück (Anlaufstrecke) von wenigstens 20 cm Länge zu setzen und dann mit einem Krümmer in den Schornstein zu gehen.

d) Bei Geräten mit horizontaler Lage der Achse des Abgasstutzens: Der Anschluß ist hier in gleicher Weise wie bei den Geräten der zweiten Art (mit eingebauter Zugunterbrechung) bei Einschaltung einer Rückstromsicherung — Punkt b) — vorzunehmen.

Abb. 87 gibt eine Übersicht über die verschiedenen Arten der eben genannten Anschlüsse der Gasgeräte an Schornsteine. In allen Fällen ist eine möglichst kurze Verbindung mit möglichst wenig Richtungsänderungen zwischen Gasgerät und Schornstein anzustreben.

Ob den Geräten mit eingebauter Zugunterbrechung außerdem eine Rückstromsicherung nachzuschalten ist oder nicht, hängt von den ört lichen Witterungsverhältnissen ab und entscheiden jeweils für ihr Versorgungsgebiet die Gaswerke.

Eine Kontrolle darüber, daß der Anschluß der Gasgeräte an Schornsteine in richtiger Weise ausgeführt ist und daß keine Abgase aus den Öffnungen der Rückstromsicherungen oder Zugunterbrecher bei normalen Abzugsverhältnissen austreten, ist durch die unter Ziffer 29 angegebene Tauplattenmethode gegeben.

Zugunterbrecher und Rückstromsicherungen dürfen nicht unmittelbar vor Widerständen (Kniestücken usw.) in Abgasrohren und auch nicht vor fallenden Zügen liegen.

Wenn bestehende Gasfeuerstätten in anderer als vorerwähnt aufgeführter Weise an Schornsteine angeschlossen sind und die Abgase trotzdem einwandfrei abziehen, können die Anlagen in der betreffenden Ausführung bestehen bleiben; für bestehende Anlagen, deren Abgasabführung nicht in Ordnung ist, und für Neuanlagen sind die obengenannten Ausführungen zu beachten.

B. Richtlinien für die Auswahl der Baustoffe für Abgasrohre.

Die Abkühlung der Abgase in der Abgasleitung führt zu Auftriebsverminderung und unter Umständen zum Niederschlag eines Teiles des in den Abgasen enthaltenen Wasserdampfes (Schwitzwasserbildung). Die Abkühlung der Abgase muß deshalb möglichst gering gehalten werden.

Das Maß der Abkühlung der Abgase hängt besonders ab:

a) von der Abgasgeschwindigkeit,
b) von der Länge der Abgasleitung,
c) von der Wärmeaufnahme des Baustoffes (besonders bei kurzen Betriebszeiten),

d) von dem Wärmedurchgang des Baustoffes,
e) von der Größe der Temperaturdifferenz zwischen Abgasen und umgebender Luft,
f) von den in der Abgasleitung vorhandenen Widerständen.

Da die Verhältnisse von Fall zu Fall verschieden sind, müssen die oben-erwähnten Einflüsse jedesmal gegeneinander abgewogen werden.

Man unterscheidet Wärmeaufnahme und Wärmedurchgang eines Baustoffes. Wärmeaufnahme ist die zum Anwärmen der Abgasleitung erforderliche Wärmemenge, während Wärmedurchgang die nach erfolgtem Anwärmen der Leitung von innen nach außen fließende Wärmemenge ist. (Beispiel: Blechrohr hat wenig Wärmeaufnahme, aber großen Wärmedurchgang.)

Für Gasgeräte, die nur kurze Zeit benutzt werden — Warmwasserbereiter, manche Heizöfen —, sind Baustoffe mit geringer Wärmeaufnahme empfehlenswert. Für Gasgeräte, die längere Zeit hindurch benutzt werden — die meisten Heizöfen — sind dagegen Baustoffe mit geringem Wärmedurchgang zweckmäßiger.

An die Baustoffe von Abgasrohren für Gasfeuerstätten sind folgende allgemeine Anforderungen zu stellen: Hitzebeständigkeit, Dichtheit für Abgase und Wasser, geringe Wärmeaufnahme- und -leitfähigkeit, glatte Innenwand, Widerstandsfähigkeit gegen chemische Angriffe der Abgase und gegen mechanische Beanspruchungen, leichte Bearbeitungsmöglichkeit oder in handlichen Baustücken verfügbar; ferner sollen die Anschaffungskosten nicht zu hoch sein. Das Aussehen der Abgasrohre soll dem Äußeren der Gasgeräte möglichst angepaßt sein.

Längere Abgasrohre, zumal wenn sie durch kalte Räume oder im Freien verlegt werden müssen, sind gegen Abkühlung der Abgase durch hitzebeständige Isolierung[1]) zu schützen oder als doppelwandige Isolierrohre oder als Rohre aus schlechten Wärmeleitern auszuführen.

C. Baustoffe für Abgasrohre (Leitung zwischen Gasfeuerstätte und Schornstein).

Erfahrungsgemäß sind gegenüber den Abgastemperaturen in den Rauchrohren von Kohlenfeuerstätten die Temperaturen der Abgase in den Abgasrohren von Gasfeuerstätten verhältnismäßig niedrig. Da auch weder Feuer noch Funken darin auftreten können, sind solche Abgasrohre nicht als Feuerungsrohre oder Rauchrohre in feuerpolizeilichem Sinne anzusehen.

Für die Auswahl der Baustoffe dient die Zahlentafel 10 und für die Bemessung der Querschnitte die Zahlentafel 9 S. 105 als Richtlinie.

---

[1]) *Als Isolationsmittel wählt man zweckmäßig Kieselgurschnur, ungefähr 15 mm Dmr., oder Isoliermatte von ungefähr 12 mm Stärke.*

D. Verlegung der Abgasrohre.

Längere Abgasrohre sind möglichst mit Steigung nach dem Schornsteinanschluß zu verlegen; die höher gelegenen Rohrstücke sind in die
tiefer gelegenen zu stecken (nicht umgekehrt!); scharfe Knicke sind zu vermeiden; werden 2 Abgasrohre zu einer Sammelleitung vereinigt, so sind
sie nicht unter einem rechten Winkel sondern unter einem spitzen Winkel
von etwa 60° zusammenzuführen; treffen 2 gegeneinanderlaufende Rohre
mit horizontaler Achse zu einem vertikalen Sammelrohr zusammen, so
ist der Anschluß des Sammelrohrs nicht unter einem rechten Winkel als
T-Stück, sondern als Hosenrohr auszubilden (Abb. 88).

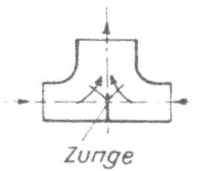 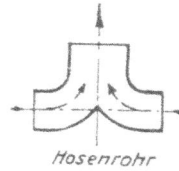

Zunge   Hosenrohr
Abb. 88 a.   Abb. 88 b.

Damit bei längeren waagerechten Abgasleitungen etwa sich bilden-
des Kondensat nicht in die Gasgeräte zurückfließen kann, ist unmittelbar hinter dem Gerät in dem Abgasrohr zweckmäßig eine Vorrichtung zum
Auffangen oder zur Ableitung des Kondensats vorzusehen.

Bei Verwendung fabrikmäßig hergestellter Abgasrohre beachte man die
von den Herstellern beigefügten Installationsanweisungen.

In Mauerkanälen sind die Abgasrohre hohl zu verlegen, gegebenenfalls
zu isolieren.

E. Verbindung des Abgasrohres mit dem Gerät.

Der Durchmesser des Abgasrohres ist so
groß zu wählen, daß beim Anschluß des
Abgasrohres an das Gerät eine dichte Verbindung mit dem Abgasstutzen des Geräts
zustande kommt. Der Abgasstutzen des
Geräts muß so ausgeführt sein, daß ein zu
tiefes Hineinschieben oder -fallen des Abgasrohrs und eine etwa damit verbundene
Verengung des Querschnitts für den Abgasaustritt im Gerät unmöglich ist. Sollte bei
älteren Geräten der Abgasstutzen noch nicht
so ausgeführt sein, so ist dafür das Abgasrohr
in entsprechender Weise (mit Sicke) auszubilden (Abb. 89).

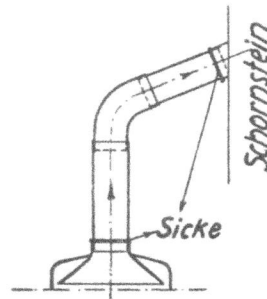

Abb. 89.

Tabelle 10. Baustoffe für Abgasrohre (Leitung

Baustoff	Bemerkung	Widerstand gegen		Wärme-aufnahme[1]	Wärme-durch-gang[1]
		Stoß u. Schlag	chem. Einfluß		
Verbleites Eisenblech	Nach Rollen und Falzen verbleit	mittel	wenn g u t verbl. gut	gering 0,24	groß 5,5
Doppel-wandiges I s o l i e r - r o h r aus ver-bleitem Eisenblech	Zwischenraum zwischen Innen- und Außen-mantel mit Iso-lierstoff (Alumi-niumfolie) aus-gefüllt	gut	gut	gering 0,62	gering 2,5
Asbest-Zement	Richtige Zusammen-setzung der Masse ist wichtig	mittel	gut	mittel 1,4	groß 5,0
Leichtes Gußeisen (asphal-tiert)	unbegrenzt haltbar	gut	gut	mittel	groß 5,5
Holz	Wasserglas- und Mennigeüberzug, 1 bis 2 m hinter Gerät m. Asbest-schiefer aus-kleiden. Vor der Anwendung Baupolizei fragen	gut	gut	groß 4,0	gering 3,0

[1] *Die angegebenen Zahlen sind ungefähre Verhältniszahlen.*
[2] *Bleiglätte und Glyzerin.*

F. Verbindung des Abgasrohres mit dem Schornstein.

Das Abgasrohr darf nicht zu weit in den Schornstein eingeschoben wer-den sondern darf höchstens bündig mit der inneren Schornsteinwand ab-schließen. Besser als die senkrecht zur Schornsteinachse ausgeführte Ein-

zwischen Gasfeuerstätte und Schornstein).

Ver-bindung	Form-stücke	Ver-legung	Anwendungsgebiet	Ge-wicht[1])
bei waage-rechten Leitungen Kitt[2]) oder Lot	von der Fabrik zu beziehen	leicht	Warmwasserbereiter u. Heizöfen. Leitung nicht länger als 2 m. Bei längeren Leitun-gen isolieren[3])	leicht 2,5
Innen-muffe	von der Fabrik zu beziehen	leicht	Warmwasserbereiter. Heizöfen, Gasheizkessel. — Als gewöhnliches Abgas-rohr, ferner besonders bei langen Leitungen und in kalten Räumen (Dach-böden) bei Abgasleitungen direkt ins Freie und zum Einziehen eines Rohres in zu weite Schornsteine	mittel 5
Innen- oder Außen-muffe Kitt[3])	von der Fabrik zu beziehen	leicht	Wie verbl. Eisenblech. Bei längeren Leitun-gen isolieren	mittel 7
Muffe Hanf, Bleiwolle	von der Fabrik zu beziehen	leicht	Absaugungsanlagen, Abgasleitung unter Putz Isolierung unbe-dingt erforderlich[2])	mittel
An-schluß-stück an das Gerät aus Blech	leicht herzu-stellen	leicht	Warmwasserbereiter, Heizöfen. Gute archi-tektonische Anpas-sung. Nicht durch mehrere Stockwerke und nicht bei Abgas-temperaturen über 150° C. Geeignet für waagerechte Leitungen	mittel 6

[3]) *Isoliermaterial s. techn. Richtlinien (Ziffer 26 B).*
[4]) *Von der Fabrik zu beziehen.*

mündung des Abgasrohres ist bei reinen Gasschornsteinen eine solche, die zwischen Achse des Abgasrohres und Achse des Schornsteines einen spitzen Winkel von etwa 60° bildet (Abb. 89). Zu empfehlen sind entsprechend ausgebildete fertige Anschlußrohrstücke. Die rechtwinklige Einmündung

8

des Abgasrohres in den Schornstein ist jedoch notwendig, wenn außerdem noch Kohlenfeuerungen an den Schornstein angeschlossen sind, damit beim Kehren des Schornsteins der Ruß nicht in das Gerät fallen kann. Es ist zweckmäßig, im Krümmer des Abgasrohres eine Reinigungsöffnung mit Kapselverschluß vorzusehen, wenn an den Schornstein noch Kohlenfeuerstätten angeschlossen sind. Kniee mit Deckelverschluß sind jedoch nicht statthaft.

G. Anschluß mehrerer Gasfeuerstätten an einen gemeinsamen Schornstein.

Es soll für je 2 Gasfeuerstätten mittleren Gasverbrauchs (etwa Gasbadeöfen) ein Schornstein von mindestens 200 cm² lichtem Querschnitt (14/14 cm), für je 3 Gasfeuerstätten ein Schornstein von mindestens 300 cm² lichtem Querschnitt (14/20 cm) zur Verfügung stehen, sofern es sich um gemauerte Schornsteine handelt. Die genannten Querschnitte können als ausreichend angesehen werden, wenn der Schornstein stets gut zieht; ist dies fraglich, so sind die Querschnitte nach Zahlentafel 9 zu wählen. Es ist erwünscht, daß an einen Schornstein im allgemeinen nicht mehr als 3 Gasfeuerstätten angeschlossen werden, sofern nicht besonders günstige Schornsteinverhältnisse vorliegen. Die Einmündungen der Abgasrohre von 2 oder mehreren Gasfeuerstätten in einen gemeinsamen Schornstein dürfen nicht in gleicher Höhe zusammentreffen sondern müssen über die Länge des Schornsteines verteilt sein.

H. Für den Anschluß von Gasfeuerstätten an Schornsteine,

die gleichzeitig auch von Kohlefeuerstätten benutzt werden, sind die Richtlinien für die Zusammenarbeit von Gaswerken und Schornsteinfegern auf dem Gebiete der Abführung der Abgase von Gasfeuerstätten zu benutzen.

Ziffer 27.
Gesichtspunkte bei der Auswahl der Schornsteine für Gasfeuerstätten. — Baustoffe für Schornsteine.

Die Herstellung der Schornsteine unterliegt den baupolizeilichen Vorschriften. Bei der Auswahl oder Benutzung eines Schornsteins für die Abführung der Abgase von Gasfeuerstätten ist auf folgende Gesichtspunkte zu achten: geradlinige und senkrechte Ausführung, Dichtheit der Wangen (zur Verhinderung des Eintritts von Kaltluft oder des Austritts von Niederschlagswasser), Lage im Innern des Gebäudes, nicht an Außenmauern und kalten Wänden, freie Lage der Schornsteinausmündung über Dachfirst, genügender und überall gleichmäßiger, freier Querschnitt, keine Verengung oder gar Verlegung, undurchbrochene Schornsteinzügen, Untersuchung, ob nicht durch Anschluß von zu vielen Gasfeuerstätten der Schornstein bereits überlastet ist, ferner ob nicht Kohlenfeuerstätten angeschlossen sind, ferner ob es nicht ein Entlüftungsschacht oder besteigbarer Schornstein ist, woran Gasfeuerstätten nicht ohne weiteres angeschlossen werden dürfen.

Für die Prüfung der Schornsteine sind die »Richtlinien für die Zusammenarbeit von Gaswerken und Schornsteinfegern auf dem Gebiete der Abführung der Abgase von Gasfeuerstätten« zu beachten.

Besteigbare Schornsteine dürfen zur unmittelbaren Abführung der Abgase nicht benutzt werden. Im Einvernehmen mit dem Bezirksschornsteinfegermeister läßt sich aber oft in einer von diesem zu bestimmenden Ecke ein Abgasschornstein einführen.

Im allgemeinen sind gemauerte Schornsteine nicht als ideale Abzugskanäle, weder für Kohlen- noch für Gasfeuerstätten, anzusehen, da sie in wärme- und strömungstechnischer Hinsicht unvollkommen sind. Das Bestreben, gemauerte Schornsteine in Neubauten nicht mehr zu verwenden und geeignetere Baustoffe an ihre Stelle treten zu lassen, ist daher verständlich.

Für die Auswahl der Baustoffe dient die Zahlentafel 11 und für die Bemessung der Querschnitte die Zahlentafel 9, S. 105, als Richtlinie.

Bei nachträglicher Hochführung von Schornsteinen (vgl. Ziffer 26 C) können im Benehmen mit der Baupolizei auch Schornsteine aus verbleitem Eisenblech, doppelwandige Isolierrohre, leichtes Gußrohr (asphaltiert) oder dgl. (vgl. Zahlentafel 10) verwendet werden.

Auf Vermeidung von Schwitzwasserbildung ist besonders Rücksicht zu nehmen.

Ziffer 28.
Abführung der Abgase mittels nachträglich verlegter Abgasleitungen.

Die Einleitung der Abgase in vorhandene, über Dach geführte Schornsteine ist wegen der dadurch erzielten einfachen und meist guten Abgasabführung stets anzustreben. Sind jedoch Schornsteine nicht vorhanden, oder können die Gasgeräte an vorhandene Schornsteine nicht angeschlossen werden, so besteht auch die Möglichkeit, die Abgase mittels nachträglich angelegter Abgasschornsteine oder Abgasleitungen

a) über Dach,
b) in unbewohnte, gut gelüftete Räume (meist Dachböden) oder schließlich
c) unmittelbar durch die Wand ins Freie

abzuführen.

Ob ein nachträglich angelegter Schornstein für Gasfeuerstätten als Schornsteinanlage im bau- und feuerpolizeilichen Sinne angesehen werden kann, richtet sich nach den örtlichen Vorschriften, nach den verwendeten Baustoffen und nach der gewählten Ausführung der Abgasleitung.

Bei Abgasleitungen für Gasfeuerstätten brauchen im allgemeinen nicht die strengen Vorsichtsmaßnahmen angewendet zu werden, wie sie für

Tafel
Baustoffe für Ab-

Baustoff	Bemerkung	Widerstand gegen		Wärme-aufnahme[1])	Wärme-durch-gang[1])
		Stoß u. Schlag	chem. Einfluß		
Mauer-werk	fugendicht, sauber ver-fugt	gut	Mauer-werk gut, Fugen schlecht	groß 44	mittel
Ton oder Schamotte-ton	innen gla-siert	mittel	gut	groß 5	groß 5,3
Asbest-zement	über Dach isolieren	mittel	gut	mittel 4	groß 5

Schornsteinanlagen bei Kohlenfeuerstätten am Platze sind; das kommt auch in manchen ministeriellen oder örtlichen Vorschriften bereits zum Ausdruck; jedoch sind jeweils die genannten Vorschriften maßgebend.

Bei dem nachträglichen Einbau von Abgasleitungen ist die Führung der Abgasleitung über Dach stets anzustreben; die Abgasführung in un-bewohnte Räume (Dachböden) oder unmittelbar durch die Wand ins Freie ist stets nur als Notbehelf anzusehen. Die Störungen durch Witterungs-einflüsse sind bei der Abgasabführung durch die Wand ins Freie bedeu-tend häufiger, so daß nur bei ganz sachgemäßer Ausführung der Abgasleitung und bei Berücksichtigung der örtlichen Verhältnisse ein Erfolg zu erzielen ist. Erfahrungsgemäß wird aber häufig bei der Ausführung dieser Ab-gasabführung zu wenig Sorgfalt und Sachkenntnis angewendet.

a) Bei der Abgasabführung durch das Dach ist zu beachten: Für die Anlage und Ausbildung der Schornsteine gelten sinngemäß die in den Ziffern 23 bis 27 enthaltenen Richtlinien. Die Ausmündung des Schorn-steines soll möglichst über First (etwa 0,5 m) liegen. Ist das Gebäude niedrig und von höheren Gebäuden od. dgl. umgeben, so ist gegebenenfalls

---

[1]) *Vergleichszahlen unter der Vorausetzung von* $^1/_2$ *Stein starkem Mauerwerk und 20 mm Wandstärke der Formrohre.*

11.
gasschornsteine.

Ver- bindung	Form- stücke	Ver- legung	Anwendungsgebiet	Ge- wicht [1])
Mörtel aus ver- längertem Zement	keine	gemauert	überall	schwer 200
Stoß- verbin- dung mit ge- schützter Dichtungs- fuge	von der Fabrik zu be- ziehen	ohne festen Verband mit dem Mauer- werk, genau senkrecht bei Schleifungen unterstützen	Bei Neubauten bzw. bei nachträglicher Er- richtung, wenn kein anderer Schornstein frei	mittel 25
	von der Fabrik zu be- ziehen		Bei Neubauten bzw. bei nachträglicher Er- richtung, wenn kein anderer Schornstein frei.	mittel 25

eine Windschutzhaube an der Ausmündung der Abgasleitung zu verwenden. Der Schornstein ist gegen Wärmeverluste ganz zu isolieren oder als Isolierrohr oder Rohr aus schlechtem Wärmeleiter herzustellen (vgl. Ziffer 26 B) Eine Verlegung des Schornsteins innerhalb des Dachbodens mit Austritt durch das Dach in der Nähe des Firstes ist besser als die Ausführung eines langen, unten aus dem Dach herausragenden Schornsteins, der einer starken Abkühlung ausgesetzt ist. (Abb. 90).

Bleibt man bei sehr steilen Satteldächern mit der Ausmündung unterhalb des Firstes, so muß der Schornstein mindestens 0,8 m aus der Dachfläche herausragen und von Dachausbauten genügend weit entfernt liegen. Die Ausmündung muß mit einer Windschutzhaube versehen und am Gasgerät eine Rückstromsicherung verwendet sein. Die Lage der Rückstromsicherung bei den verschiedenen Gasgeräten ergibt sich aus den Ausführungen unter Ziffer 26 A.

b) Bei Abgasabführung in unbewohnte Räume — meist Dachböden —, die nur in Ausnahmefällen und mit Genehmigung des Gaswerkes geschehen darf, ist folgendes zu beachten:

1. Das Volumen des Dachbodens muß mindestens 20 mal so groß wie der maximale stündliche Gasverbrauch der Geräte sein, deren Abgase in den Dachboden abgeführt werden.

2. Der Dachboden darf für andere Zwecke nicht benutzt werden; es dürfen also keine die Luftströmungen im Dachraum behindernden Einbauten vorhanden sein.

3. Der Dachboden muß sehr gut gelüftet sein, und zwar gleichmäßig bei allen Witterungsverhältnissen und Windrichtungen, so daß stets ein Druckausgleich stattfindet und ein Überdruck im Dachboden bei einer bestimmten Windrichtung ausgeschlossen ist. Der auf einer Seite anfallende und durch die Undichtheiten oder Lüftungsöffnungen eintretende Wind muß auf der anderen Seite durch entsprechende Undichtheiten und Lüftungsöffnungen abströmen können.

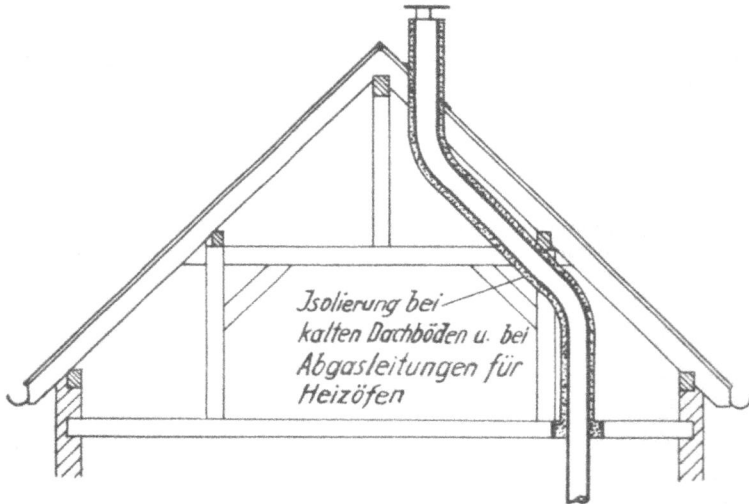

Abb. 90.
Schema einer nachträglichen Abgasabführung durch das Dach ins Freie.

4. Die Lüftungsöffnungen müssen möglichst feststehend sein, weil bewegliche Öffnungen (Dachfenster) meist im entscheidenden Augenblick zu bedienen vergessen werden. Erfahrungsgemäß haben sich am besten Fenster ohne Glas mit Jalousien an der Giebelseite und mit Jalousien versehene Firstentlüfter bewährt. Der Entlüftungsquerschnitt muß wenigstens dem 20 fachen der Summe der Querschnitte der Abzüge entsprechen, die in den Dachraum eingeführt sind.

5. Die Mündungen der im Dachboden endenden Schornsteine sollen unter Rücksicht auf nachträgliche bauliche Veränderungen mindestens 2,50 m über dem Fußboden des Dachraumes liegen und so gerichtet sein, daß die austretenden Abgase nicht an das Dachgebälk usw. stoßen, um dessen

Durchfeuchten zu verhüten. Die Abgase müssen frei ausströmen und sich zerstreuen können. Die Abgasausmündungen sind trichterförmig zu erweitern und zum Schutz gegen Verstopfen oder Einwerfen von Gegenständen sowie gegen das Nisten von Vögeln durch ein weitmaschiges, dauerhaftes Drahtsieb von geringem Strömungswiderstand (Maschenweite etwa 15 mm) zu versehen.

6. Der Hauptgesichtspunkt aller Maßnahmen muß möglichst starke Verdünnung und Zerstreuung sowie restlose Ableitung der Abgase aus dem Dachraum bei allen Witterungsverhältnissen sein. Die Lüftungsvorrichtungen müssen daher ausreichend und so eingerichtet sein, daß sie nicht zuschneien können.

7. Werden bei Kirchenheizungen die Abgase der Gasheizöfen in Dachböden abgeführt, so darf die Luft für die Orgel nicht aus dem Dachraum entnommen werden. Es ist überhaupt zweckmäßiger, erwärmte Luft aus dem Kirchenraum zu nehmen, um ein Schwitzen der Orgelpfeifen zu verhüten. Ist ein Uhrwerk im Dachboden offen aufgestellt, so muß dieses mit einem dichten, verglasten Verschlag versehen werden.

Die Zulässigkeit der Abführung der Abgase in den Dachboden auf Grund der örtlichen Bauverordnungen und deren Ergänzungen ist in jedem Falle mit der zuständigen Behörde zu klären.

Sollte der Dachboden von dem beheizten Raum nur durch eine Rabitzdecke getrennt sein, so ist von der Ableitung der Abgase in den Dachboden mit Rücksicht auf die Gefahr der Durchfeuchtung und Korrosion abzuraten. Ganz besonders trifft dies zu, wenn die Rabitzdecke an Drähten aufgehängt ist.

c) Die Abgasabführung unmittelbar durch die Wand ins Freie ist viel ungünstiger als die über Dach, weil die Ausmündung der Abgasleitung oft verhältnismäßig nahe am Erdboden und dicht an der Wand zu liegen kommt, wodurch der störende Einfluß des Windes infolge Erzeugung von Staudruck in der Ausmündung der Abgasleitung zu groß wird im Verhältnis zu dem geringen Auftrieb in der meist kurzen Abgasleitung.

Diese Abgasabführung wird man daher stets zu vermeiden versuchen; muß sie trotzdem, mit Genehmigung des Gaswerks, in Altwohnungen angewendet werden, so ist bei der Ausführung folgendes zu beachten: Das Abgasrohr ist im Zimmer senkrecht so hoch wie möglich (bis zur Decke) hinaufzuführen und erst dann durch die Wand ins Freie zu führen. Stets ist eine Rückstromsicherung am Gerät zu verwenden (Lage der Rückstromsicherung bei den verschiedenen Gasgeräten nach den Ausführungen unter Ziffer 26) und die Ausmündung der Abgasleitung gegen Windanfall durch ein oben und unten offenes T-Stück — mit vertikaler Lage der Achse der freien Schenkel — zu schützen. Die Längen der freien Schenkel des T-Stücks betragen etwa $3\,d$, wenn d den Rohrdurchmesser bezeichnet. Die Lage des T-Stückes ist von den örtlichen Verhältnissen abhängig; die Entfernung von der Wand muß mindestens 50 cm betragen. Die Ausmündung des T-Stückes muß im freien Windstrom liegen; von Gesimsen,

Erkern, Vorbauten od. dgl. ist daher ein genügender Abstand innezu-
halten; die aus der Wand herausragenden Teile sind möglichst zu isolieren.
Die Abgasabführung durch die Wand mit kurzer Abgasleitung versagt im

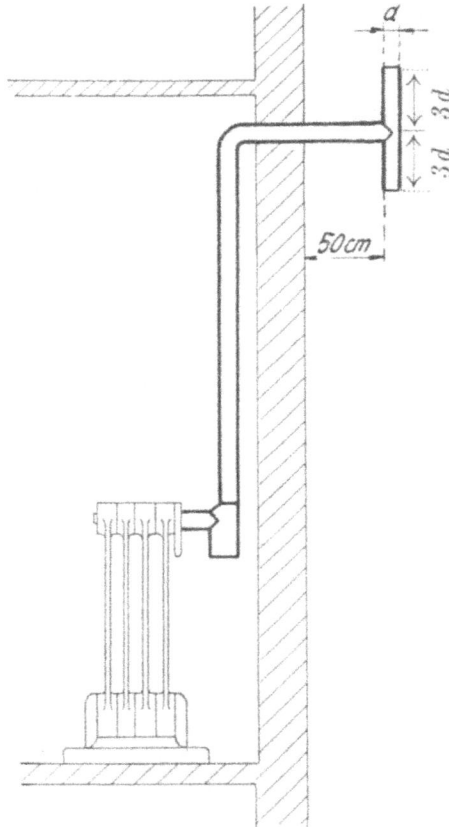

Abb. 91.

Winter bei hohen geheizten Räumen wegen des darin unten herrschenden
Unterdrucks (vgl. Ziffer 21) in gleicher Weise wie in niedrigen Neben-
räumen, die mit dem hohen Raum in Verbindung stehen (Abhilfsmaß-
nahmen s. Ziff. 21,2 d Seite 92); im Sommer sind die Abzugsverhältnisse
wegen Fortfalls des im Raum herrschenden Auftriebs meist besser (Abb. 91).

Ziffer 29.
Beurteilung der Abzugsverhältnisse auf Grund von einfachen Messungen.

Die Güte der Arbeitsweise der Schornsteine von Kohlenfeuerstätten wird gewöhnlich nach dem Unterdruck beurteilt, der an der Einmündungsstelle der Abgase in den Schornstein mit einem wassergefüllten U-Rohr gemessen wird. Je größer der Unterdruck, desto besser »zieht« der Schornstein. Der Unterdruck wird hervorgerufen durch den Widerstand des Brennstoffbettes, der hier vor dem Auftrieb liegt. Liegt aber ein Widerstand hinter dem Auftrieb (z. B. Widerstand an der Schornsteinausmündung), so würde vor diesem Widerstand Überdruck sein. Je nach Lage der Widerstände auf der Strecke, auf der sich der Auftrieb bildet, setzt sich der Auftrieb in Unter- oder Überdruck um. Da der große Widerstand des Brennstoffbettes bei Gasfeuerstätten nicht vorhanden ist, sind die noch übrigbleibenden kleineren Widerstände maßgebend für die Erzeugung von Über- oder Unterdruck an den verschiedenen Stellen der Abgasleitung. Außerdem macht die Rückstromsicherung in Abgasleitungen von Gasfeuerstätten einen »Einschnitt« in die Druckverteilung, da in einer richtig arbeitenden Rückstromsicherung oder Zugunterbrechung ein Druckausgleich der Abgase mit der umgebenden Luft in der Weise stattfindet, daß der Zug an dieser Stelle unterbrochen oder auf Null zurückgebracht wird.

Durch den Fortfall des Brennstoffbettes und durch Einbau von Zugunterbrechern oder Rückstromsicherungen ergeben sich für Abgasleitungen von Gasfeuerstätten andere Verhältnisse als von Kohlenfeuerstätten (siehe Abb. 92); die Verhältnisse sind so verschieden, daß ein Vergleich der »Zugstärken« zwischen beiden nicht gut möglich ist und leicht zu Irrtümern Anlaß gäbe. Man braucht sich nicht zu wundern, wenn in Abgasleitungen von Kohlenfeuerstätten beispielsweise 2 mm WS Unterdruck, von Gasfeuerstätten aber 0 mm WS als »Zug« an einer Stelle festgestellt wird. Trotzdem kann unter diesen Verhältnissen die Abgasleitung der Gasfeuerstätten richtig und gut arbeiten. Wichtig ist nur, daß kurz oberhalb der Rückstromsicherung oder Zugunterbrechung ein geringer Unterdruck herrscht, da sonst die Abgase aus diesen Schutzvorrichtungen austreten. Dieser Unterdruck läßt sich meist nur mit ganz empfindlichen Druckmessern, aber nicht mit wassergefüllten U-Rohren feststellen. Kann bei Kohlenfeuerstätten der meßbare Unterdruck, die »Zugstärke« in mm WS, ein Maß für die Güte der Arbeitsweise des Schornsteines sein, so ist diese Methode bei Gasfeuerstätten nicht ohne weiteres anwendbar, sondern es genügt für die Beurteilung die Feststellung, ob die Abgase aus der Unterbrecheröffnung austreten oder nicht. Treten aus den Unterbrecheröffnungen unter normalen Abzugsverhältnissen keine Abgase aus, und ist die Verbrennung des Heizgases einwandfrei (an der Flammenbildung erkenntlich), so ist der Schornstein in Ordnung.

Sind mehrere Gasfeuerstätten in verschiedenen Stockwerken an den gleichen Schornstein angeschlossen, so ist besonders auch darauf zu achten,

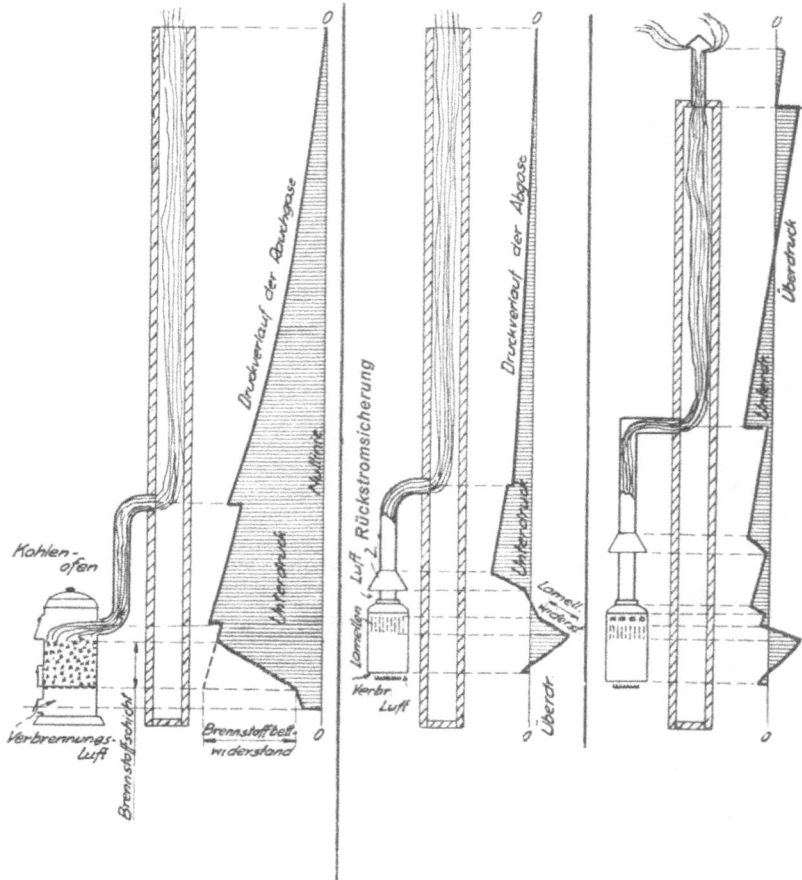

Druckverlauf der Rauchgase   Druckverlauf der Abgase bei Gas-
bei Kohlenfeuerstätten   feuerstätten

Abb. 92.

daß die Abgase der unten gelegenen Gasfeuerstätten nicht aus den Unterbrecheröffnungen der oben gelegenen Gasfeuerstätten austreten. Wenn
dies der Fall sein sollte, so ist entweder der Schornstein zu kalt, so daß
Abtrieb besteht, oder es liegen im oberen Teil des Schornsteins zu große
Einzelwiderstände (zu enge Windschutzhauben, ein zu enges Aufsatzrohr,

eine plötzliche Verengung od. dgl.), die zu beseitigen sind. Es kann auch
eine Überlastung des Schornsteins vorliegen.

Eine Methode, mittels deren man das Austreten von Abgasen
aus dem Unterbrecher, der Rückstromsicherung oder aus einer Undicht-
heit am Gerät meist feststellen kann — die sog. Tauplattenmethode —,
besteht darin, daß man eine kalte Glasplatte an die betreffende Öffnung
hält und nun beobachtet, ob das Glas sich beschlägt oder nicht (vgl. Abb. 93

Abb. 93.
Handhabung der Tauplatte.

u. 94). Wenn es sich beschlägt, so treten Abgase aus. Der Grund, weshalb das Glas sich beschlägt, ist folgender: Als Verbrennungserzeugnis des
Heizgases entsteht, wie in Ziffer 6, S. 28, erwähnt, Wasserdampf, der im
Abgas enthalten ist. Tritt nun Abgas aus, so wird an der betreffenden
Stelle der Feuchtigkeitsgehalt der Luft erhöht. Der erhöhte Feuchtigkeitsgehalt gibt sich stets dadurch zu erkennen, daß ein kalter Körper, der in der
normalen Luft sich noch nicht beschlägt, bei erhöhtem Feuchtigkeitsgehalt einen Taubeschlag zeigt.

Statt einer Glasplatte kann man auch einen Taschenspiegel oder ein
blankes Blech (Weißblech) benutzen. Wichtig ist, daß die benutzte Tauplatte kalt ist, damit sich ein Niederschlag bilden kann.

Abb. 94.
Sichtbarer Beschlag auf der Tauplatte bei
Abgasaustritt.

Diese einfache Überprüfung der Abgas-Abführung mittels
Tauplatte sollte jeder Gaseinrichter nach Fertigstellung einer
Anlage vornehmen.

Wird auf diese Weise ein Austreten von Abgasen aus dem Zugunterbrecher oder der Rückstromsicherung beobachtet, so sind die in Ziffer 26
erwähnten Abgasrohrstücke (Anlaufstrecken) länger zu wählen, wodurch
meistens das Austreten von Abgasen beseitigt werden kann.

Ob Raumluft in den Unterbrecher oder in die Rückstromsicherung zu
den Abgasen tritt, läßt sich durch Ablenken der Flamme einer in die Nähe
gehaltenen Kerze u. dgl. oder auch durch die Strömungsrichtung von
Tabakrauch leicht feststellen.

Die Prüfung der Wirksamkeit einer Rückstromsicherung oder eines Zugunterbrechers ist nach den Angaben in Ziffer 22 vorzunehmen.

Anhang.

Zur Technologie des Waschvorganges (Ziffer 9).

Einweichen. Zur Entfernung des Schmutzes aus der Wäsche ist diese vor dem eigentlichen Waschvorgang etwa 12 bis 18 h in kaltem Wasser einzuweichen. Für lediglich angestaubte Wäsche (z. B. Gardinen) genügt klares Wasser; für alle Haus- und Leibwäsche sind dem Wasser Einweichmittel zuzusetzen (150 g Stücksoda oder 50 g Bleichsoda auf 10 l Wasser, ferner 15 g organische schmutzverdauende Mittel auf 10 l Wasser). Nach dem Einweichen ist die Wäsche durch Auswringen oder Ausschleudern möglichst weitgehend von dem stark schmutzhaltigen Einweichwasser zu befreien.

Enthärtung des Wassers. Beim Waschen der Wäsche ist weiches Wasser zu verwenden. Hartes Wasser ist vorher durch Zusatz von Soda zu enthärten. (Die Härte des Wassers ist auf Beimengungen von kalkigen oder anderen mineralischen Stoffen zurückzuführen und wird gemessen in Grad Deutscher Härte = °DH. 1° DH = 1 g Kalziumoxyd in 100 l Wasser.) Der Härtegrad des benutzten Wassers kann nötigenfalls von den Wasserwerken erfragt werden. Zur Enthärtung von 100 l Waschwasser sind je ° DH 8 g kalzinierte pulverförmige Soda oder 21,6 g kristallisierte Soda oder 16 g Bleichsoda zuzusetzen. (Bleichsoda verdient den Vorzug, weil sie die Bildung von Rostflecken bei der Wäsche verhindert.)

Beispiel: 50 l Waschwasser von 20° DH erfordern zur Enthärtung folgende Zusatzmengen:

$$\frac{8 \cdot 50}{100} \cdot 20 = 80 \text{ g kalzinierte Soda}$$

$$\text{oder} \quad \frac{21,6 \cdot 50}{100} \cdot 20 = 216 \text{ g kristallisierte Soda}$$

$$\text{oder} \quad \frac{16 \cdot 50}{100} \cdot 20 = 160 \text{ g Bleichsoda.}$$

Die genannten Mittel zur Wasserenthärtung sind vorher in etwas lauwarmem Wasser aufzulösen und dann dem bereits lauwarmen Waschwasser unter gründlichem Umrühren zuzusetzen.

Bereitung der Waschlauge. Dem enthärteten Wasser sind zwecks Bereitung der Waschlauge die Waschmittel zuzusetzen. Folgende Waschmittel kennt man: 1. Seife und Soda, 2. Seifenpulver, 3. selbsttätige Waschmittel, die außer der Waschwirkung auch noch eine bleichende Wirkung haben. Zur Bereitung einer richtig zusammengesetzten Waschlauge können folgende Angaben als Anhalt dienen:

Auf 50 l Wasser (= 1 Waschkessel voll) nehme man:

a) bei gewöhnlicher Seifen-Sodalauge

250 g Kernseife oder } und { 125 bis 250 g kalz. Soda oder
200 g Seifenflocken } und { 125 » 250 g Bleichsoda.

b) Bei Verwendung von Seifenpulver:
500 bis 750 g Seifenpulver.

c) Bei Verwendung selbsttätiger Waschmittel:
500 g.

Bei Verwendung von Seifenpulvern oder selbsttätigen Waschmitteln halte man sich im übrigen an die vom Hersteller angegebene Gebrauchsanweisung. Seifenpulver ist in warmem Wasser, selbsttätige Waschmittel sind in etwas kaltem Wasser vorher vollständig aufzulösen und erst dann in das enthärtete Wasser zu gießen. Zwischen dem Hinzufügen des Enthärtungsmittels zum Wasser und der Bereitung der Waschlauge soll eine Zeitspanne von 5 bis 10 min liegen, damit in dieser Zeit die Enthärtung des Wassers erfolgen kann.

Kochen der Wäsche. Das beste Gewichtsverhältnis zwischen Wäsche und Wasser ist etwa 1:8 bis 1:10, d. h. auf 1 kg Trockenwäsche kommen 8 bis 10 l Waschlauge. Bei Waschmaschinen kommt man mit weniger Wasser aus: 4 bis 5 l Waschlauge auf 1 kg Trockenwäsche.

Ist die Waschlauge aus Seife und Soda hergestellt, dann kann die Waschlauge mit der Wäsche ziemlich schnell zum Kochen gebracht werden. Hat man jedoch zur Bereitung der Waschlauge selbsttätige Waschmittel benutzt, so soll die Erwärmung der Lauge zur Erzielung einer guten Wirkung möglichst langsam erfolgen.

Die Wäsche soll etwa 15—20 min sieden. Nach dem Kochen wird die Wäsche auf schmutzige Stellen durchgesehen.

Spülen der Wäsche. Das Spülen der Wäsche hat den Zweck, die Waschlauge und Seifenreste ganz aus der Wäsche zu entfernen. Hat man zum Spülen weiches Wasser zur Verfügung, so ist die Entfernung von Seifenresten aus der Wäsche ziemlich einfach. Nimmt man jedoch hartes Wasser zum Spülen, so besteht die große Gefahr, daß sich die Seifenreste mit den Härtebestandteilen des Spülwassers zu Kalkseife verbinden, die fest in der Wäsche haftet, sie hart macht und die Saugfähigkeit der Wäsche stark herabsetzt. Zur Verhinderung der Bildung von Kalkseife ist die gekochte Wäsche zunächst gut auszuwringen oder auszuschleudern, dann in wenigem und heißem Wasser zu spülen (erstes Spülbad). Nach dem Auswringen wird die Wäsche nochmals in lauwarmem Wasser gespült (zweites Spülbad), dann erst erfolgt ein Nachspülen in kaltem Wasser so lange, bis es klar bleibt. Zum richtigen Spülen gehört ein gründliches Durchschwenken oder Durchstampfen.

Bei sehr hartem Wasser empfiehlt sich ein Zusatz von Bleichsoda, Borax oder Fettlöserseife zum Spülwasser.

Fragebogen für die Beheizung großer Räume.

Projekt: ....

Zur Ermittlung des Wärmebedarfs der zu beheizenden Räume ist die genaue Beantwortung der folgenden Fragen erforderlich. Bei Beheizung großer Räume, wie Säle, Hallen, Schulen usw., ist die Einsendung von Aufriß und Grundriß unerläßlich, bei anderen Räumen wenigstens erwünscht. — Für Kirchenheizung gilt Fragebogen 2.

Fragen	Raum	Raum	Raum
1. Welchen Zwecken dient der Raum?			
2. Raumlänge?			
3. Raumbreite?			
4. Raumhöhe?			
5. Anzahl der Fenster, ihre Höhe und Breite, doppelt oder einfach? Schließen die Fenster dicht?			
6. Sind Oberlichtfenster vorhanden, welche Anzahl und Größe, doppelt oder einfach?			
7a. Wieviel Außenwände hat das Zimmer? Wie lang sind diese?			
7b. Stärke der Außenwände? (Ziegel-, Sandstein usw. Mauerwerk, Holzverkleidung innen und außen. Luft-Isolier-Einrichtung usw.)?			
8a. Wieviel Innenwände hat das Zimmer? Wie lang sind diese?			
8b. Stärke der Innenwände (Ziegel- oder Bretterwand, einfach und doppelt, Rabitzwand usw.)?			

9. Fußboden-Beschaffenheit (Holz-fußboden auf Balken über dem Erdreich oder über Gewölbe, mas-siver Fußboden über dem Erd-reich oder über Gewölbe? Letz-terer mit oder ohne Holzbelag)?			
10. Deckenbeschaffenheit (Balkenlage mit einfacher Dielung, Balken-lage mit Einschub, oben Dielung unten verschalt? Betondecke? Bei Dach als Decke: Angabe ob Schiefer-, Papp-, Ziegel-, Holz-zementdach usw. und ob unten verschalt oder nicht)? Ist die Dachhaut sehr dicht?			
11 a. Welche Innentemperatur wird verlangt?			
11 b. Welche niedrigste Außentempe-ratur muß angenommen werden?			
12. Wieviel Stunden wird der Raum täglich beheizt und wieviel Tage in der Woche?			
13. Welche angrenzenden Räume wer-den gleichzeitig geheizt, auf welche Temperatur, und welche Räume nicht?			
14 a. Welche darunter liegenden Räume werden gleichzeitig geheizt, auf welche Temperatur, oder nicht?			
14 b. Welche darüber liegenden Räume werden gleichzeitig geheizt, auf welche Temperatur, oder nicht?			
15. Liegt der zu beheizende Raum, so-wie das ganze Gebäude geschützt oder exponiert? Ist mit starkem Windanfall zu rechnen?			
16. Sind Schornsteine oder Abzugs-schächte vorhanden oder nicht? Wo liegen diese? Münden sie in Firsthöhe?			
17. In welchem baulichen Zustand be-findet sich das Gebäude?			

18. Ist ein unbenutzter, zur Ableitung der Abgase geeigneter, gut zu lüftender Dachboden vorhanden?			
19. Unterer Heizwert des Gases?			
20. Wie hoch ist der Gaspreis für Raumheizzwecke?			

Haben Sie noch etwas Besonderes zu bemerken?

....

Name und Adresse: ....

....

Fragebogen für Kirchenheizungen.

Für das Kirchenheizungsprojekt: ....
(Evang. oder Kath.)

....

Werden die folgenden Fragen nicht genau beantwortet, so ist eine richtige Ofenberechnung nicht möglich. Die Einsendung von Grundriß- und Aufriß-Zeichnungen ist dringend erwünscht.

Fragen:

1. Mittlere Länge des Kirchenraumes? ....
2. » Breite » » ....
3. » Höhe » » ....
4. Gesamter Rauminhalt? ....
5. Fensterfläche insgesamt in Quadratmetern: ....
6. Ist die Decke gerade oder gewölbt? ....
7. Art des Gewölbes? ....
8. Welche Oberfläche hat der Orgelumbau etwa? ....
9. » » » das ganze Gestühl? (geschätzt) ....
10. Aufstellungsmöglichkeit für die Öfen? (In der Zeichnung angeben!)
11. Orgelempore a) Länge? ....
    b) Breite? ....
12. Sonstige Emporen: a) wie viele? ....
    b) Länge? ....
    c) Breite? ....

9

13. Anzahl, Höhe und Durchmesser von etwa vorhandenen Säulen? ...
14a. Soll die Sakristei ebenfalls beheizt werden? ....
14b. Länge, Breite und Höhe der Sakristei? ....
15. Niedrigste Außentemperatur? ....
16. Verlangte Innentemperatur? ....

Welche niedrigste Innentemperatur herrscht erfahrungsgemäß bei größter Kälte? ....

17. Liegt die Kirche geschützt oder sehr exponiert? ....
18. Sind Schornsteine vorhanden, die bei allen Windrichtungen gleichmäßig ziehen? ....
19. Ist ein Dachboden vorhanden? ....
Wieviel m³ Luftinhalt besitzt der Dachboden ungefähr? ....
20. Wie ist der Dachboden gedeckt? ....
21. Ist der Dachboden gelüftet?..................................
22. Woraus besteht die Decke des Kirchenraumes? ....
23. Wo liegen die Orgelbälge? ....
24. Bestehen Bedenken gegen Einleitung der Abgase in den Dachboden,
und welche sind das? ....
25. Ist die Kirche unterkellert? ....
26. Welchen unteren Heizwert hat das dortige Gas? ....

Für etwaige Absaugung der Abgase.

27. Welche Stromart (Gleichstrom, Einphasenwechselstrom, Drehstrom)
und Spannung ist vorhanden? ....
28. Sind Stromstörungen zu befürchten? ....
29. Ist Wasserleitung vorhanden? Wieviel at Druck sind stets vorhanden? ....
(Kommt nur in Frage, wenn Stromlieferung unsicher.)
30. Wo kann das Sauggebläse aufgestellt werden? (In der Zeichnung angeben!) ....
31. Können die Abgasleitungen im Fußboden verlegt werden? ....

Haben Sie noch etwas besonderes zu bemerken?

....

....

Abführung von Abgasen der Gasfeuerstätten.

Ministerium des Innern, 10. August 1932.
Nr. 68 II K 32/1932.

Zur Verhütung von Feuersgefahr und von Gesundheitsgefährdungen sind die folgenden Richtlinien für die Abführung von Abgasen von Gasfeuerstätten einzuhalten. Bei der baupolizeilichen Prüfung von Baugesuchen ist zur Vermeidung nachträglicher kostspieliger Änderungen darauf zu achten, daß für die Gasversorgung des Gebäudes zu Heiz- oder Badezwecken die erforderlichen Angaben in den Bauzeichnungen enthalten, insbesondere die besonderen Gasabführungskanäle vorgesehen sind (§ 84 Abs. 3 Ziff. 3 der Ausführungsverordnung zum Baugesetz —GBl. 1932 S. 189). Ausnahmen von den Richtlinien sollen nur nach Gehör der Gaswerksleitung erteilt werden, die ihre Gutachten unentgeltlich erstattet.

Richtlinien für die Abführung der Abgase von Gasfeuerstätten.

1. Bei Neubauten und umfassenden Herstellungen an bestehenden Bauten, soweit hierdurch auch Zwischendecken und Schornsteine berührt werden, sind zur Abführung der Abgase von Gasfeuerstätten (Gasheizöfen, Gaswarmwasserbereiter, Gasbadeöfen sowie gewerblichen Gasfeuerstätten u. dgl.) außer den für Kohlenfeuerstätten erforderlichen Schornsteinen besondere Abführungskanäle bis über Dach vorzusehen. Bei gewerblichen Gasfeuerstätten kann von dem besonderen Abführungskanal abgesehen werden, wenn sie in größeren oder gut belüfteten Räumen aufgestellt werden. In Ausnahmefällen kann von der Baupolizeibehörde im Benehmen mit dem zuständigen Bezirksschornsteinfeger widerruflich zugelassen werden, daß die Abführungskanäle der Gasfeuerstätten innerhalb des Dachraumes nahe dem First in die Schornsteine der Kohlenfeuerstätten eingeführt werden. Für eine ausreichende Möglichkeit der Belüftung und Entlüftung der mit Gasgeräten ausgestatteten Räume ist zu sorgen. In Neubauten, in denen nur einzelne Gasgeräte angeschlossen werden, kann die Abführung der Abgase in Schornsteine, an die Kohlenfeuerstätten angeschlossen sind, ausnahmsweise unter Widerrufsvorbehalt gestattet werden. Von den Gaswarmwasserbereitern bedürfen Vorratserwärmer bis zu 10 l Wasser Inhalt und Durchflußerwärmer bis zu 130 WE minutlicher Leistung, soweit sie nur zeitweilig betrieben werden und in gutbelüfteten Räumen untergebracht sind, keines Abführungskanals und keiner baupolizeilichen Genehmigung. Die üblichen Gaskocher, Bratöfen und Gasherde für Haushaltungen bedürfen ebenfalls keiner besonderen Abführungskanäle und keiner Genehmigung.

Bei allen an Abführungskanäle oder Schornsteine angeschlossenen Gasfeuerstätten mit besonderer Zündflamme muß bei neuen Anlagen eine

Verriegelung zwischen Brennerhahn und Zündflammenhahn vorhanden sein.

Bei der Genehmigung von Neubauten muß die Baupolizeibehörde darauf hinwirken, daß namentlich für Baderäume und Küchen neben den Schornsteinen für Kohlenfeuerstätten besondere Abführungskanäle über Dach hochgeführt werden, da mit einer weitgehenden Ausbreitung der Verwendung von Gasgeräten zu rechnen ist.

Abführungskanäle sind möglichst innerhalb des Gebäudes hochzuführen und haben möglichst einen eigenen Baukörper zu erhalten, auf innere glatte Wandungen ist besonderer Wert zu legen. Die Abführungskanäle sind vom Schornstein bei Ziegelmauerwerk durch eine einen halben Stein stark gemauerte, beiderseits mit Kalkmörtel ausgeschweißte Zunge zu trennen.

Diese Bestimmungen beziehen sich nicht auf Abgasrohre, das sind die Verbindungsleitungen der Gasfeuerstätten mit den Abführungskanälen. Diese Abgasrohre können nach wie vor aus den bisher bewährten Baustoffen ähnlich den Rauchableitungsrohren der mit festen Brennstoffen betriebenen Feuerstätten (z. B. verbleites Eisenblech, Steinzeug usw.) hergestellt werden.

2. Für bestehende Gebäude, bei denen sich der nachträgliche Einbau von Abführungskanälen für Abgase von Gasfeuerstätten vielfach schwer durchführen läßt, ist zu untersuchen, ob ein für den Anschluß der Gasfeuerstätten geeigneter Schornstein zur Abführung der Abgase freigemacht werden kann. Ist dies nicht angängig, so ist die Einführung der Abgase von Gasfeuerstätten in bestehende Schornsteine im Benehmen mit der Gaswerksleitung und dem zuständigen Bezirksschornsteinfeger zulässig. Bei solchen gemischt belegten Schornsteinen sollen die Abgase der Kohlenfeuerstätten und der Gasfeuerstätten möglichst nicht in gleicher Höhe in denselben Schornstein eingeführt werden. Bei Einführung von Abgasen in Schornsteine für Kohlenfeuerstätten gelten die vorstehend zu Ziff. 1 erlassenen Anweisungen sinngemäß.

Das Befahren von Schornsteinen für Kohlenfeuerstätten, in die gleichzeitig Abgase von Gasfeuerstätten eingeführt sind, ist zu verbieten. Zu diesem Zweck sind die Einsteigöffnungen der Schornsteine und die Schornsteinköpfe entsprechend zu schützen und kenntlich zu machen.

3. Für die Abführungskanäle von Abgasen der Gasfeuerstätten und für den Abstand der Gasfeuerstätten von verdeckten und freiliegendem Holzwerk sind im allgemeinen die Bestimmungen in den §§ 120 f. des Baugesetzes vom 20. Juni 1932 (GBl. S. 133) sinngemäß, namentlich unter Berücksichtigung der geringeren Wärme der Abgase und des Erfordernisses von kleineren Querschnitten der Gasabführungskanäle (Ziff. 5) anzuwenden. Mehrere Gasfeuerstätten, auch in verschiedenen Geschossen, können an einen Abführungskanal angeschlossen werden. Für den Abführungskanal kann neben Ziegelmauerwerk ein anderer gleichwertiger, mindestens feuerhemmender Baustoff Verwendung finden. Für die neben Ziegel-

mauerwerk zur Verwendung kommenden besonderen Baustoffe sind behördliche Prüfungsnachweise entsprechend § 108 des Baugesetzes zu fordern u. a. dafür, daß die daraus hergestellten Kanäle im Dauerversuch
Innentemperaturen von 400° C standhalten ohne Zerstörungserscheinungen
zu zeigen. Abführungskanäle für Abgase von Gasfeuerstätten sind an
ihrer Ausmündung über Dach und an ihrem Fuße für den Schornsteinfeger
entsprechend zu kennzeichnen. Die über Dach geführten Gasabführungskanäle müssen zur Prüfung und Reinigung in gleicher Weise wie die Schorn-
steine für Kohlenfeuerstätten zugänglich sein. Der Abstand der Gasfeuerstätten, insbesondere der Gasöfen von verdecktem und freiliegendem Holzwerk kann gegenüber den Anforderungen
bei Kohlenfeuerstätten verringert werden, falls durch entsprechende Vorkehrungen eine wärmeabführende Luftschicht zwischen Holz und Gasfeuerstätte vorgesehen ist.

4. Die Abführungskanäle sind auf ihre ordnungsmäßige Beschaffenheit
genau so zu prüfen, wie es in § 120 des Gesetzes über die Landesbrandver-
sicherungsanstalt vom 1. Juli 1910 (GVBl. S. 159) für gewöhnliche Schornsteine vorgeschrieben ist. Eine Prüfung auf freien Querschnitt ist mindestens einmal im Jahre vorzunehmen. Die ordnungsmäßige Beschaffenheit der angeschlossenen Gasfeuerstätten ist von den zuständigen Gaswerken als beauftragten Gutachter der Baupolizeibehörde zu prüfen, wenn
der Bezirksschornsteinfeger bei der Prüfung der Schornsteine und Gasabführungskanäle einen unsachgemäßen Zustand vorgefunden hat oder
sonst ein Anlaß dazu besteht.

5. Vorschriften über die Weite der Gasabführungskanäle können, weil
die Untersuchungen über Strömungsverhältnisse der Abgase in Abführungskanälen noch nicht abgeschlossen sind, zur Zeit nicht aufgestellt werden.
Insoweit möchten bis auf weiteres die Richtlinien des Deutschen Vereins
von Gas- und Wasserfachmännern (Berlin W 30, Geisbergstr. 5/6) in der
Schrift »Häusliche Gasfeuerstätten und -geräte für Niederdruckgas«,
10. Auflage 1931, Ziff. 25, beachtet werden. (Z. B. soll bei 2, 7, 15 m³
stündlichem Gasverbrauch der Durchmesser oder die Quadratseite der
Kanäle etwa 8, 11, 15 cm i. L. betragen.) Bei verbleiten Eisen-, Gußeisen-
und Steinzeugrohren sind möglichst genormte Durchmesser zu verwenden.

6. Gasfeuerstätten sind den in § 1 des Baugesetzes genannten Feuerungs-
anlagen gleichzustellen; ihre Aufstellung und Abänderung bedarf der baupolizeilichen Genehmigung nach § 148 des Baugesetzes (vgl. Einschränkung
in Ziff. 1, Abs. 1). Zur Beratung in allen Gas- und Abgasfragen und zur
Überwachung der baupolizeilichen Anordnungen sind die Gaswerks-
verwaltungen als Beauftragte der Baupolizeibehörde heranzuziehen.

7. In Orten mit Gasversorgung haben die Polizeibehörden darauf hinzuwirken, daß das Gaswerk Gas für Gasfeuerstätten erst dann gibt, wenn
es festgestellt hat, daß die vorstehenden Vorschriften erfüllt sind, insbesondere ein wirksamer Abzug der Abgase durch die Gasabführungskanäle
oder Schornsteine gewährleistet ist.

8. Die Verordnung tritt mit dem 1. Oktober 1932 in Kraft. Damit hat sich die Verordnung an die Baupolizeibehörden vom 11. Juni 1930 — Nr. 50 II K 32/1930 — erledigt.

Soweit die Bestimmungen in § 15 Ziff. 1 des Anhangs zur Verordnung über die Sicherung der Kirchen und kirchlichen Versammlungsräume gegen Feuersgefahr vom 10. August 1909 (GVBl. S. 513) der Befolgung der Richtlinien entgegenstehen, wollen die Kreishauptmannschaften Ausnahmen gemäß Ziff. IV der Verordnung bewilligen.

Württemberg.

Auszug

aus der Feuerungsverordnung des Württembergischen Innenministeriums
vom 29. 4. 31.

Kapitel VIII. Gasfeuerungseinrichtungen.

§ 49. Gasfeuerungen.

1. Ortsfeste Gasfeuerungen sind durch gasdichte, feste Rohrverbindungen an die Gasleitungen anzuschließen.

2. Solche Gasfeuerungen müssen von brennbaren Bauteilen seitlich und nach unten 20 cm, nach oben 40 cm, bei Verwahrung nach § 4 Abs. 2 seitlich und nach unten 10 cm, nach oben 20 cm entfernt sein.

3. In Badezimmern und ähnlichen Gelassen dürfen bei einem Raumgehalt von weniger als 15 m³ Gasfeuerungen nur eingerichtet werden, wenn ein ausreichender Luftwechsel, erforderlichenfalls durch besondere Vorrichtungen, gesichert ist.

4. Bei Gasfeuerungen mit besonderer Zündflamme muß der Brennerhahn regelmäßig durch den geschlossenen Zündflammenhahn verriegelt sein.

5. Gasfeuerungen größeren Umfangs oder besonderer Art sind nach § 52 zu behandeln.

§ 50. Abgasröhren.

1. Die Abgase der Gasfeuerungen sind durch Abgasröhren auf möglichst kurzem Wege in Kamine einzuleiten. Die unmittelbare Ausmündung von Abgasröhren ins Freie ist nur bei Unmöglichkeit der Einführung in einen Kamin unter Erteilung besonderer Vorschriften nach Lage des Einzelfalls zuzulassen.

2. Von dem Verlangen nach Abgasröhren darf abgesehen werden, wenn es sich um kleinere Gasfeuerungen in gut lüftbaren Gelassen oder um solche Gaskochherde größerer Betriebe handelt, über denen wirksame Entlüftungsvorrichtungen angebracht sind.

3. Die Abgasröhren sind aus schwer entflammbarem Baustoff wasserdicht und hinreichend weit mit Gefäll nach der Feuerung hin herzustellen. Sind sie starker Abkühlung ausgesetzt, so sind sie gegen Wärmeverlust zu schützen oder aus einem die Wärme schlecht leitenden Baustoff herzustellen.

4. Werden Abgasröhren in Rauchkamine eingeführt, so sind sie, wenn Zugstörungen auftreten, mit Absperrvorrichtungen zu versehen, die sich selbsttätig öffnen, sobald die Gasfeuerung in Benutzung genommen und geschlossen werden können, sobald die Gasfeuerung abgestellt wird. Die Einführung hat regelmäßig von der Seite her zu erfolgen; bei Einführung von unten her ist Vorkehr gegen das Eindringen von Ruß zu treffen.

§ 51. Gaskamine.

1. Die Abgase der Gasfeuerungen sind, besonders in Neubauten, regelmäßig in besondere Kamine abzuleiten, die ausschließlich der Abgasbeseitigung dienen (Gaskamine).

2. Gaskamine sind aus schwer entflammbaren, schlecht wärmeleitenden Baustoffen wasserdicht herzustellen. Sie sind regelmäßig senkrecht hochzuführen; Schleifung ist nur aus besonderen Gründen zuzulassen. Wenn sie den First des Gebäudes nicht überragen, ist mit der Kaminmündung ein waagerechter Abstand von mindestens 1,50 m von der Dachfläche und ein angemessener Abstand gegenüber Dachfenstern von Aufenthaltsräumen einzuhalten.

3. Der lichte Querschnitt der Gaskamine ist nach Zahl und Art der angeschlossenen Feuerungen zu bemessen.

4. Gaskamine sind an ihrem unteren Ende und nach Bedarf auch in ihrem oberen Teil mit einer dicht zu verschließenden Öffnung zu versehen, die regelmäßige Prüfungen und nach Bedarf Reinigungen der Kamine ermöglicht. An ihrem unteren Ende sind sie außerdem mit einer Auffangvorrichtung für Niederschlagwasser zu versehen.

5. Lüftungskamine und zur Lüftung verwendete Hohlräume von Rauchkaminen mit doppelten Wänden sowie Kamine von Sammelheizungen dürfen keinesfalls zur Abführung von Abgasen benutzt werden. Auch Kamine für andere größere Feuerungen sind dafür nur ausnahmsweise zuzulassen.

Preußen.

Der Preußische Minister
für Volkswohlfahrt
II C 91/30.

Berlin W 8, den 24. Nov. 30,
Leipziger Str. 3.

Baupolizeiliche Vorschriften für Gasanlagen.

In Ergänzung meines Runderlasses vom 26. Januar 1929 — II C 1064 —
durch welchen die Aufnahme einer Vorschrift über die Anlegung besonderer Gasabzugsrohre in den § 20 der nach der Einheitsbauordnung
aufgestellten Bauordnungen angeordnet worden ist, gebe ich die im Benehmen mit dem Oberbürgermeister (städtische Baupolizei) in Berlin
und mit der Arbeitsgemeinschaft für Brennstoffersparnis, Berlin, aufgestellten, abschriftlich anliegenden Richtlinien für die Aufstellung von
Gas-Feuerstätten und -Geräten bekannt. Sie sollen den Baupolizeibehörden bei der Prüfung der Bauvorhaben und bei ihren Revisionsgängen
(Bauabnahmen, Brandschau, Kontrollgängen usw.) als Richtschnur
dienen.

Soweit die Bauordnungen etwa diesen Richtlinien widersprechende
Vorschriften enthalten, sind die Bauordnungen zu ändern.

An
 sämtliche Herren Regierungspräsidenten,
 den Herrn Polizeipräsidenten in Berlin und
 den Herrn Verbandspräsidenten in Essen.

Zu einer wörtlichen Aufnahme in die Bauordnungen sind die Richtlinien weder bestimmt noch auch ihrer Fassung nach geeignet.

Abdrucke der Richtlinien liegen bei.

Dieser Erlaß nebst Richtlinien wird in der »Volkswohlfahrt« veröffentlicht.

I. V.: Scheidt.

Zu II. C. 91/30.

Richtlinien für die Aufstellung von Gas-Feuerstätten und
-Geräten.

I. Anschluß an die Gaszuleitung.

1. Gas-Feuerstätten und -Geräte, wie Heizöfen, Herde, Warmwasserbereiter und gewerbliche Gasfeuerstätten, die ihren Standort nicht zu
wechseln brauchen, sind fest und gasdicht an die Gasleitung anzuschließen.

2. Bei kleinen versetzbaren Kochern, Bratöfen, Bügeleisen im Haushalt und bei gasbeheizten Werkzeugen, wie Lötkolben, Lötpistolen, Schweiß-

und Schneidbrennern usw., können Schläuche verwendet werden, wenn vor ihnen in der festen Leitung ein Abschlußhahn, der bei Abstellung der Gasfeuerung geschlossen werden muß, angebracht ist und die Enden der Schläuche auf den Schlauchtüllen durch Schellen, Klammern oder ähnliche Vorrichtungen gegen Abrutschen gesichert sind.

3. Gasfeuerstätten mit besonderer Zündflamme müssen eine Verriegelung zwischen Brennerhahn und Zündflammenhahn besitzen.

II. Rohre für die Ableitung der Abgase (Abgasrohre).

1. Als Abgasrohre eignen sich Rohre aus verbleitem Blech[1]), Aluminium sowie aus Formstücken von Asbestzement, Holzzement oder Ton, die durch Falze einwandfrei gedichtet sind. Am unteren Ende der Rohre aus Ton und aus Holzzement ist eine Vorrichtung zur Entnahme sich etwa ansammelnden Niederschlagwassers vorzusehen. Die Weiten der Abgasrohre sind der folgenden Zahlentafel zu entnehmen:

Weiten der Abgasrohre.

Minutliche Leistung in kcal	Erforderlicher Querschnitt cm²	Gewählter l. Durchmesser cm
120	63	9,0[2])
240	98	11,0
320	135	13,0
650	176	15,0

2. Bei quadratischem Querschnitt der Rohre muß die Seitenlänge gleich dem oben angegebenen Durchmesser sein.

3. Die Abgasrohre sind ohne genügende Isolierung nicht an oder in Außenwänden oder in kalten Dachböden zu verlegen.

III. Abführung der Abgase.

1. Die Verbindung zwischen Gasgerät und Schornstein muß möglichst kurz sein.

2. Es ist darauf hinzuwirken, daß für je 2 Gasfeuerstätten ein Schornstein von rd. 200 cm² l. Querschnitt (14 × 14) angelegt wird.

3. Die Abführung der Abgase von geschlossenen Gasherden, Brat- und Backschränken, Suppenkesseln, Wurst- und Schinkenkesseln, Lackier- und Trockenöfen, Brot- und Konditorbacköfen, Dampfkesseln usw. in gewerblichen Betrieben in Schornsteine ist anzustreben. Ist dies unmöglich,

---

[1]) *Nach dem Biegen verbleit.*
[2]) *Maßgebend für Geräte, die dauernd benützt werden (Heizöfen).*

so ist für eine ausreichende Belüftung und Entlüftung der Arbeitsräume zu sorgen.

4. Badeöfen und alle größeren Wassererhitzer, wozu auch die Warmwasserautomaten für ganze Gebäude oder einzelne Stockwerke gehören, sind ausnahmslos an Schornsteine anzuschließen.

5. Bei sehr kleinen Badezimmern empfiehlt sich die Aufstellung der Gasbadeöfen oder der Stromautomaten in einem Nebenraum, z. B. der Küche oder dem Flur, sofern dadurch die Warmwasserleitung nicht übermäßig verlängert wird.

6. Werden Badeöfen oder überhaupt Warmwasserbereiter in Badezimmern aufgestellt, so ist nicht nur für die Abführung der Verbrennungsgase, sondern auch für die Zuführung frischer Luft zum Baderaum zu sorgen. Da ein Gasbadeofen zur Verbrennung des für ein Vollbad notwendigen Gases in 15 bis 20 Minuten mindestens 6 m³ Luft verbraucht, sind mindestens unten an der Tür Schlitze oder Löcher anzubringen, die so gelegen sein müssen, daß sie nicht verstopft werden.

7. Keines Abzuges bedürfen wegen ihres geringen und vorübergehenden Gasverbrauches die unter I² aufgeführten Gasfeuerstätten und Geräte. Ebenso bedürfen keines Abzuges Vorratserwärmer bis zu 10 l Wasserinhalt, sowie kleinere Durchflußerwärmer bis zu 130 WE minutlicher Leistung, sofern sie nur minutenweise betrieben werden und in gut entlüftbaren Räumen untergebracht sind.

8. Die Gasschornsteine brauchen nicht bis über Dach geführt werden, sondern dürfen in einen unbenutzten, gut entlüfteten Dachraum münden, wenn Gewähr gegeben ist, daß ihre Ausmündung nicht verstopft werden kann.

9. In Ergänzung des Runderlasses des Ministers für Volkswohlfahrt vom 26. Januar 1929 — II C 1064 — (Volkswohlfahrt siehe S. 139) wird für bestehende Gebäude folgendes bemerkt:

Ist bei bestehenden Gebäuden ein freies Schornsteinrohr nicht vorhanden und kann nach Angabe des Bezirksschornsteinfegermeisters durch Verlegen der Anschlüsse ein Schornsteinrohr nicht frei gemacht werden, so kann die Einführung der Abgase dieser Gasfeuerstätten in Schornsteine, an die schon Kohlenfeuerstätten — jedoch höchstens 2 — angeschlossen sind, ausnahmsweise und auf Widerruf zugelassen werden. Befinden sich die Kohlenfeuerstätten in unmittelbar darunter- oder darüberliegendem Stockwerk, so ist der Anschluß der Gasfeuerstätten nur zulässig, wenn eine örtliche Untersuchung dies unbedenklich erscheinen läßt. Der Anschluß von Gas- und Kohlenfeuerstätten des gleichen Stockwerkes an einen gemeinsamen Schornstein ist unzulässig.

An einen von keiner Kohlenfeuerstätte beanspruchten Schornstein dürfen in der Regel nicht mehr als 2 Gasheizöfen oder 3 Badeöfen usw., wenn in den Schornstein bereits eine Kohlenfeuerung eingeführt ist, nicht mehr als 1 Gasheizofen oder 2 Badeöfen usw. angeschlossen werden.

Die Abführung der Abgase von geschlossenen Gasherden usw. (III Ziff. 3) ist in bestehenden Gebäuden auch an ein von einer Kohlenfeuerstätte beanspruchtes Schornsteinrohr zulässig.

Besteigbare Schornsteine dürfen für die Gasableitung nicht benutzt werden.

IV. Rückstromsicherung.

Ausmündungen der Abgasrohre durch die Außenwand ins Freie sind tunlichst zu vermeiden. Erfolgt diese Ausführung, so sind zur Unschädlichmachung der Windstöße in der senkrechten Strecke des inneren Abgasrohres Rückstromsicherungen anzubringen, sofern die Gasfeuerstätten (Heizöfen, Badeöfen usw.) sie nicht bereits besitzen. Sie können bei Abgasrohren und Schornsteinen, die über Dach führen, gefordert werden, wenn infolge der Lage des Hauses zu Nachbargebäuden, Anhöhen, hohen Bäumen usw. durch Windstöße die Flammen zum Erlöschen gebracht werden könnten. An Stelle der Rückstromsicherungen sind auch sicher wirkende Windschutzhauben (Schornsteinaufsätze), die nicht im Gebiete des ruhenden Winddruckes liegen dürfen, zulässig.

V. Weitergehende Bestimmungen.

Für Theater, öffentliche Versammlungsräume, Zirkusanlagen, Lichtspieltheater, Waren- und Geschäftshäuser sowie feuergefährliche Betriebe sind außerdem die hierfür geltenden Einzelvorschriften zu beachten.

Landespolizeiverordnung zur Änderung der Landesbaupolizeiverordnung.

Vom 22. Dezember 1930.

Auf Grund des § 32 der Landesverwaltungsordnung wird folgendes
verordnet:

Art. 1.

In § 27 der Landesbaupolizeiverordnung vom 2. September 1930 —
Ges.S. S. 201 — wird Absatz X und in § 29 XVI der 2. Satz einschließlich
des in Klammern stehenden Hinweises auf § 27 X gestrichen. Nach § 27
wird nachstehender Paragraph eingefügt:

§ 27a.

Gasfeuerstätten.

I. Gasfeuerstätten (Heizöfen, Herde, Warmwasserbereiter und gewerbliche Öfen) sind fest und gasdicht an die Gasleitung anzuschließen.

II. Bei versetzbaren Kochapparaten, Bratöfen u. dgl. für Haushaltungen
sowie bei gasbeheizten Werkzeugen wie Lötkolben, Lötpistolen, Schweiß-
und Schneidebrennern usw. können Schläuche Verwendung finden, wenn
vor ihnen in der festen Leitung ein Abschlußhahn angebracht ist, der bei
Abstellung der Gasfeuerung geschlossen werden muß. Die Enden der
Schläuche müssen auf den Schlauchtüllen durch Schellen, Klammern
oder ähnliche Vorrichtungen gegen Abrutschen gesichert sein.

III. Bei Gasfeuerstätten mit besonderer Zündflamme muß eine Verriegelung zwischen Brennerhahn und Zündflammenhahn vorhanden sein.

IV. Für die Leitungsrohre der Abgase (Abgasrohre) von den Gasfeuerstätten zu den Gasschornsteinen finden die Vorschriften des § 28 I
sinngemäß Anwendung. Die Verbindung zwischen Gasfeuerstätte und
Schornstein muß möglichst kurz sein.

V. Die Weite der Abgasrohre hat sich nach folgender Zahlentafel zu
richten:

Minutliche Leistung in kcal	Erforderlicher Querschnitt cm²	Lichter Durchmesser cm
120	63	9,0[1])
240	98	11,0
320	135	13,0
650	176	15,0

[1]) *Maßgebend für Gasgeräte, die dauernd benutzt werden (Heizöfen).*

VI. Bei quadratischem Querschnitt der Rohre muß die Seitenlänge gleich dem oben angegebenen Durchmesser sein.

VII. Die Verlegung von Abgasrohren ohne genügende Isolierung an oder in Außenwänden oder in kalten Dachböden ist nicht statthaft.

VIII. Bei Neubauten und wesentlichen Umbauten sind zur Abführung der Abgase der unter I genannten Gasfeuerstätten, deren stündlicher Höchstverbrauch an Gas mehr als 4 vH des Luftinhaltes des Raumes beträgt, besondere Gasschornsteine, unabhängig von den für Kohlenfeuerstätten erforderlichen Schornsteinen, bis über Dach zu führen. Von der Führung über Dach kann ausnahmsweise Abstand genommen werden, wenn die Gasschornsteine in einen unbenutzten, gut entlüfteten Dachraum münden und Gewähr gegeben ist, daß ihre Ausmündung nicht verstopft werden kann.

IX. Die unter II aufgeführten bedürfen keines Gasschornsteines und keiner baupolizeilichen Genehmigung. Dasselbe gilt für Vorratserwärmer bis zu 10 l Wasserinhalt und Durchflußerwärmer bis zu 130 WE minutlicher Leistung, sofern sie nur minutenweise betrieben werden und in gut entlüftbaren Räumen untergebracht sind.

X. Gasschornsteine müssen einen eigenen Baukörper erhalten. Sie sollen möglichst an häufig benutzten Schornsteinen anliegen. Auf innere glatte Wandungen ist besonderer Wert zu legen. Für die Gasschornsteine können neben Ziegelmauerwerk andere gleichwertige Baustoffe Verwendung finden.

XI. Der lichte Querschnitt eines Gasschornsteines muß mindestens ½:½ Stein betragen.

Mehr als zwei Gasheizöfen oder drei Badeöfen od. dgl. dürfen an einen Gasschornstein nicht angeschlossen werden. Besteigbare Schornsteine dürfen für die Gasableitung nicht benutzt werden.

XII. Gasschornsteine sind an ihrer Ausmündung über Dach und an ihrem Fuße für den Schornsteinfeger sichtbar zu kennzeichnen.

XIII. Ist bei bestehenden Gebäuden ein freies Schornsteinrohr nicht vorhanden, läßt sich ferner der nachträgliche Einbau eines Gasschornsteines nur schwer oder nur unter erheblichem Kostenaufwand durchführen und kann nach Angabe des Bezirksschornsteinfegermeisters durch Verlegen der Anschlüsse ein Schornsteinrohr nicht frei gemacht werden, so ist die Einführung der Abgase von Gasfeuerstätten in Schornsteine, an die schon Kohlenfeuerstätten — jedoch höchstens 2 — angeschlossen sind, ausnahmsweise und auf Widerruf zulässig. Dabei ist Voraussetzung, daß der Leiter des Gaswerks und der Bezirksschornsteinfegermeister gehört werden und keine sachlichen Bedenken dagegen äußern. Mehr als ein Gasheizofen oder zwei Badeöfen od. dgl. dürfen jedoch an einen Schornstein, in den bereits eine Kohlenfeuerung eingeführt ist, nicht angeschlossen werden.

XIV. Soll an einen für Gasfeuerstätten benutzten Schornstein nachträglich eine Kohlenfeuerstätte angeschlossen werden, so ist in eine erneute Prüfung unter Hinzuziehung der unter XIII genannten Sachverständigen einzutreten.

XV. Zur Unschädlichmachung der Windstöße in der senkrechten Strecke der inneren Abgasrohre und Schornsteine, die über Dach führen, kann die Baupolizeibehörde Rückstromsicherungen fordern, sofern die Gasfeuerstätten (Heizöfen, Badeöfen u. dgl.) sie nicht bereits besitzen. Dies hat insbesondere zu geschehen, wenn infolge der Lage des Hauses zu Nachbargebäuden, Anhöhen, hohen Bäumen usw. die Flammen durch Windstöße zum Erlöschen gebracht werden könnten. An Stelle der Rückstromsicherungen sind auch sicher wirkende Windschutzhauben (Schornsteinaufsätze), die nicht im Gebiete des ruhenden Winddruckes liegen dürfen, zulässig. Die unter XIII genannten Sachverständigen sind vorher zu hören.

XVI. Werden Badeöfen oder überhaupt Warmwasserbereiter in kleinen Räumen (Badezimmer, Aborte u. dgl.) aufgestellt, so sind mindestens unten an der Türe Schlitze oder Löcher anzubringen, die so gelegen sein müssen, daß sie nicht verstopft werden.

XVII. Die Baupolizeibehörde kann einen geringeren Abstand der Gasfeuerstätten, insbesondere der Gasöfen, von verdecktem und freiliegendem Holzwerk gegenüber den Anforderungen bei sonstigen Feuerstätten zulassen, wenn durch entsprechende Vorkehrungen eine wärmeabführende Luftschicht zwischen Holz und Gasfeuerstätte vorgesehen ist.

Art. 2.

Diese Verordnung tritt mit ihrer Verkündung in Kraft.

Weimar, den 22. Dezember 1930.

Thüringisches
Ministerium des Innern.
Walter i. V.

Thüringen.

Weimar, den 24. Dez. 1931.

Thür. Ministerium des Innern.
III B 2000.

Betr.: Handhabung des § 27a der LPV. vom
22. 12. 1930 betr. Gasfeuerstätten.

Zwecks einheitlicher Handhabung der Vorschriften des § 27a der LPV vom 22. 12. 1930 betr. Änderung der LBPV vom 2. 9. 1930 und zur Vermeidung von Schwierigkeiten bei Ausführung von Gasfeuerstätten wird folgendes angeordnet:

Bei Prüfung eines Bauantrages ist besonders darauf zu achten, ob hinsichtlich der Gasversorgung des Gebäudes, der Herstellung von Badewasser und der Beheizung der Baderäume u. a. m. die erforderlichen Angaben im Baugesuch und in den Bauplänen gemacht sind, sofern nicht nach der Art des Bauvorhabens oder aus sonstigen Gründen eine Gasversorgung überhaupt ausgeschlossen ist (vgl. I A Ziffer 16 des mit unserer Verfügung III B 2000 vom 14. 2. 1930 eingeführten Bauantragsformulars). Für den Fall, daß diesbezügliche Angaben fehlen, obwohl anzunehmen ist, daß das Gebäude sofort oder später mit Gas versorgt werden wird, ist der Zweifel durch Rückfragen zu klären und gegebenenfalls bei dem Baubewerber und dem Planverfertiger in zwangloser Weise darauf hinzuwirken, daß unter Abänderung der Pläne genügend Gasschornsteine vorgesehen und auch ausgeführt werden, da es sich in der Praxis herausgestellt hat, daß in kaum fertiggestellten Neubauten nachträglich unter großen Kosten und Schwierigkeiten Gasschornsteine eingebaut werden mußten, oder aus wirtschaftlichen oder polizeilichen Gründen die nachträgliche Gasversorgung unmöglich geworden ist.

In Angelegenheiten der Gasversorgung von Gebäuden erscheint ein enges, reibungsloses Zusammenarbeiten zwischen Baupolizei, Gaswerk und Bezirksschornsteinfegermeister im Interesse der Abnehmerkreise und der beteiligten Stellen dringend geboten. Auf die genaue Einhaltung der Vorschriften des § 27a XIII der LPV vom 22. 12. 1930 wird daher ausdrücklich hingewiesen. Ferner ist bei Wohnhaus- und gewerblichen Neubauten, die mit Gas versorgt werden sollen, sowie zur Ausführung von Gasfeuerstätten in bestehenden Gebäuden der Leiter des Gaswerks in geeigneter Weise kurzfristig zwecks Geltendmachung etwaiger Bedenken zu hören. Von der baupolizeilichen Genehmigung von Bauten mit Gasfeuerstätten und von der Erlaubnis zur Ausführung von Gasfeuerstätten in bestehenden Gebäuden ist der Leiter des Gaswerks umgehend zu verständigen.

Der nachträgliche Anschluß von Gasabzugsrohren getrennt stehender Gasapparate an ein bestehendes Abzugsrohr, z. B. der Anschluß kleiner Gasheizöfen in Badezimmern an die Abzugsrohre von Gasbadeöfen, ist unter Umständen auf Grund des § 27a XI LPV vom 22. 12. 1930 unzulässig (vgl. Verfügung III B 2000 vom 24. 4. 1931, 4. Absatz).

Zu allen Anträgen auf Zulassung von Ausnahmen von den Vorschriften des § 27a ist der Leiter des Gaswerks zu hören, ehe die Vorgänge uns zur Entscheidung vorgelegt werden.

Sofern sachliche Meinungsverschiedenheiten zwischen der Baupolizeibehörde einerseits und dem Leiter des Gaswerks oder dem Bezirksschornsteinfegermeister anderseits bestehen, ist unsere Entscheidung herbeizuführen.

I. N.

gez. Walther.

Ausgefertigt:

gez. Glunz, Min.-Inspektor.

Lichtspieltheater Preußen.

Erlaß des preußischen Ministers für Volkswohlfahrt
an die Regierungs-Präsidenten, den Polizei-Präsidenten in
Berlin und den Verbands-Präsidenten in Essen
betr. die Zulassung von Gasheizöfen für Lichtspieltheater.

Aktenzeichen II C 204.

»Nach Ziff. 7 meines Erlasses vom 22. März 1927 — II 8 Nr. 270 —
dürfen zur Beheizung von Lichtspieltheatern nur solche Gasheizungs-
anlagen zugelassen werden, die ausdrücklich als den behördlichen Sicherheitsbestimmungen für Lichtspieltheater genügend anerkannt sind. Als
Stellen, die für die Anerkennung solcher Anlagen in Frage kommen,
bezeichne ich das Gasinstitut in Karlsruhe (Baden) Schlachthausstraße 3,
und den Deutschen Verein von Gas- und Wasserfachmännern e. V., Berlin W 35, Lützowstraße 33/36.«

*(Der Erlaß des preußischen Volkswohlfahrts-Ministers vom 22. März
1927 — Aktenzeichen II 8 Nr. 270 — deckt sich wörtlich mit dem Erlaß
des Reichsministers des Innern über die Zulässigkeit von Gasheizöfen in
Kinotheatern — Aktenzeichen III 2620. 4. 2. — v. 9. 2. 27.)*

*Gutachten des Gasinstituts Karlsruhe
betreffend die Zulassung des Prometheus-Element-Gasheizofens
für Lichtspieltheater.*

(Lt. Verfügung des Reichsministers des Innern vom 9. Februar 1927.)

*Der uns von der Firma G. Meurer A.-G., Cossebaude bei Dresden,
zur Begutachtung eingesandte*

Gasheizofen, Modell 1124

*entspricht den im »Gas- und Wasserfach« 1928, S. 1248 veröffentlichten
Anordnungen zwecks Zulassung zur Beheizung von Lichtspieltheatern —
(Erlaß II Nr. 270 vom 22. März 1927, Ziff. 7).*

*Punkt 1 ist bei Anschluß des Abgas- und Frischluftstutzens des voll-
ständig geschlossenen Heizkörpers an außerhalb des Vorführungsraumes
mündende Rohre erfüllt.*

*Punkt 2 erfüllt die Vorschriften, da eine Hahnsperrung ein Öffnen
des Haupthahnes nur bei geöffnetem Zündflammenhahn ermöglicht. Der
Zündflammenhahn kann ebenso wie die Verschlußklappe zur Zündflamme
nur mittels Spezialschlüssel betätigt werden.*

*Punkt 3—6 sind von der Baupolizei nach Aufstellung des Heizkörpers
nachzuprüfen.*

Die Teilforderung des Punktes 5, daß die Hähne durch Unbefugte nicht betätigt werden können, ist durch das in Punkt 6 geforderte Ofengitter zu erfüllen. Sie wird bei dem vorliegenden Modell weiter erreicht durch die bei Punkt 3 angeführte Hahnsperrung. Außerdem kann zur weiteren Sicherheit der Haupthahnsteller mit Griff entfernt werden, so daß auch der Haupthahn nicht ohne weiteres geöffnet oder geschlossen werden kann.

GASINSTITUT.
(*Unterschriften*).

4. 7. 29.

Lichtspieltheater Reich.

Reichsminister des Innern   Berlin, den 9. Februar 1927.
Nr. III 2620. 4. 2.

An die
         Zentrale für Gasverwertung e. V.,
                                              Berlin.

Betr.: Gasöfen in Lichtspieltheatern.

Auf die Eingabe vom 1. Dezember 1926 A/D 807,
und im Anschluß an mein Schreiben vom 16. Januar 1927 — III 13 629.

Nach § 34 Nr. 2 der von mir den Ländern mitgeteilten »Grundsätze über die Sicherheit bei Lichtspielvorführungen« vom 6. November 1925 ist die Verwendung von Gasöfen unzulässig. Gegen die ausnahmsweise Zulassung von Gasöfen in beschränktem Umfang auf Grund von § 70 a. a. O. werden Bedenken nicht zu erheben sein, sofern lediglich Bauarten Verwendung finden, die etwa folgenden Bedingungen genügen:

1. Der Heizraum, in dem die Flammen brennen, muß gegen den Zuschauerraum bzw. dessen Rückzugswege vollkommen abgeschlossen sein, so daß auch bei unbeabsichtigtem Ausströmen von Gas dieses nicht in den Zuschauerraum gelangen kann. Die zur Verbrennung notwendige Luft müßte also von außen und nicht aus dem Theaterraum entnommen werden.
2. Die Konstruktion muß so sein, daß beim Entzünden des Gasofens die Zündung mit Sicherheit gewährleistet ist, daß also bei Inbetriebnahme ein unbeabsichtigtes Ausströmen von Gas das bei nachfolgender Zündung zu Explosionen führen könnte, nicht in Frage kommen kann.
3. Die Abführung der Verbrennungsgase in die Räume des Theaters ist nicht zulässig. Bezüglich der Abführungskanäle sind die einschlägigen Vorschriften zu beachten, vor allem dürfen an derartige Abführungskanäle andere Heizanlagen nicht angeschlossen sein.
4. Der Anschluß der einzelnen Gasöfen darf nur mittels fester Rohrleitung erfolgen.
5. Die Gasöfen müssen so aufgestellt und befestigt werden, daß auch bei Entstehen eines Gedränges oder einer Panik mit einem Umstürzen nicht zu rechnen ist. Auch müssen die Hähne so gesichert liegen, daß ein unbeabsichtigtes Schließen oder Öffnen durch vorbeigehende Personen, auch bei verdunkeltem Raum nicht in Frage kommen kann.
6. Gegen die Gefahren, die sich durch Ablegen von Gegenständen auf den Ofen oder ein Herangedrängtwerden von Personen ergeben könnten, ist durch geeignete Einrichtungen, z. B. in ausreichen-

dem Abstand angebrachte unverrückbare Ofenschirme oder Schutz-
gitter, Sorge zu tragen.

7. Zur Beheizung dürfen nur solche Öfen zugelassen werden, die ausdrücklich als den behördlichen Sicherheitsbestimmungen für Lichtspieltheater genügend anerkannt sind.

Eine Erklärung der Gasgesellschaften allein kann in dieser Hinsicht
als ausreichend nicht angesehen werden, da die Erfahrung gelehrt hat,
daß die Öfen, die hier schon als angeblich völlig ungefährlich zur Aufstellung kommen sollten, diesen Bedingungen bisher noch nicht ent-
sprachen.

Die Regierungen der Länder sind von mir entsprechend verständigt
worden.

I. A.: gez. Pellengahr.   Beglaubigt:
                                          gez. Unterschrift.
                              Ministerialkanzleiassistent.

Kraftwagenräume Bayern.

Auszug

Gesetz- und Verordnungs-Blatt
für den Freistaat Bayern.

| Nr. 12. | München, 16. Mai | 1927 |

(3737 f. 17) Verordnung und oberpolizeiliche Vorschriften über Ein-
stellräume für Kraftfahrzeuge und über die Einstellung
von solchen.

Grundsätze für die Beheizung von Räumen zur Lagerung
brennbarer Flüssigkeiten.

Die Räume dürfen beheizt werden durch:

a—d . . . .

e) Gasheizung.

Gasheizkörper müssen einschließlich der Frischluftzuführungs- und
Abzugsleitung gegen den zu beheizenden Raum vollkommen gasdicht sein.

Zur Frischluft- und Abzugsleitung dürfen nur dichtverschraubte oder
an den Verbindungsstellen geschweißte Eisenrohre verwendet werden.

Das Anzünden der Gasflamme darf nur außerhalb des zu beheizenden
Raumes möglich sein.

Die Mauerbüchse für die Zündöffnung der Gasfeuerung muß in einem
Stücke vom Heizkörper bis an die Außenseite der Wand des zu beheizenden Raumes durchgeführt sein.

Die Heizkörper müssen in mindestens 1,50 m Höhe über dem Fußboden
angebracht und überdeckt sein, so daß keinerlei Gegenstände auf den
Heizkörpern abgelegt werden können. Der Oberflächenwärmegrad darf
selbst bei Luftstauungen nicht mehr als 200 ⁰ C aufweisen.

Kraftwagenräume Preußen.

Runderlaß des Ministeriums für Volkswohlfahrt vom 17. Febr. 1928 betr. Gasöfen in Kraftwagenräumen. — II. 8. 284.

Nachstehenden Erlaß vom 25. Juli 1927 übersende ich zur Kenntnis.

I. A.: Scheidt.

An die Herren Regierungspräsidenten usw.

Erlaß vom 25. 7. 1927 — II. 8. 403 V. Ang. — Bericht vom 30. 8. 1926.

Die Beheizung von Kraftwagenräumen durch Gasöfen erscheint unbedenklich, wenn folgende Bedingungen erfüllt sind:

1. Die Unterkante des Radiators muß so hoch über dem Fußboden liegen, daß auf alle Fälle vermieden wird, daß Benzinluftgemische an die heißen Oberflächen gelangen können. Als Richtmaß ist etwa 1,50 m anzunehmen.

2. Es muß eine einwandfreie Abdichtung zwischen den einzelnen Radiatorgliedern garantiert werden.

3. Die oberen Verschluß- und Reinigungsstöpsel der Glieder dürfen nicht lose einsetzbar hergestellt, sondern müssen fest eingeschraubt sein.

4. Der ganze Radiator ist mit einer Verkleidung zu versehen, die fest mit dem Radiator verschraubt sein muß, so daß man sie nicht ohne weiteres abnehmen kann. Es soll damit jede Möglichkeit genommen werden, daß mit Benzin oder Öl getränkte Putzlappen auf die heißen Oberflächen des Radiators gelegt werden können.

5. Die Zuführung der notwendigen Frischluft darf nur von außen her oder von einem Raum erfolgen, in dem mit dem Austreten brennbarer Luftgemische nicht zu rechnen ist.

I. A.: Conze.

An den Herrn Regierungspräsidenten in O.

Abschrift aus der Zeitschrift »Volkswohlfahrt«, Amtsblatt des Preußischen Ministeriums für Volkswohlfahrt, Berlin vom 1. März 1928, Nr. 5.

Kraftwagenräume Hessen.

Zu Nr.: M. d. I. 16462.   Darmstadt, den 30. April 1928.

Betreffend: Die Beschaffenheit und den Betrieb von Anlagen zur Unterbringung von Kraftfahrzeugen.

An die Hessischen Kreisämter und Polizeiämter.

I. In § 8 des mit Amtsblatt Nr. 3 vom 16. Februar 1927 zu Nr. M. d. I. 30 944/26 bekanntgegebenen Musters zu einer Polizeiverordnung über die Beschaffenheit und den Betrieb von Anlagen zur Unterbringung von Kraftfahrzeugen sind die verschiedenen Heizungsarten für Fahrzeugsräume aufgeführt. Der Hessische Städtetag hat den Antrag gestellt, außer diesen Heizungsarten auch noch die Heizung mit Gas zuzulassen. Nachdem auch der Preußische Minister für Volkswohlfahrt dieser Heizungsart bereits zugestimmt hat, empfehle ich Ihnen den § 8 der bestehenden Polizeivorschriften wie folgt zu ergänzen:

»f) Gasheizung, unter nachfolgenden Bedingungen:

1. Die Unterkante des Radiators muß hoch über dem Fußboden liegen, daß auf alle Fälle vermieden wird, daß Benzin-Luftgemische an die heißen Oberflächen gelangen können. Als Richtmaß ist etwa 1,50 m anzunehmen.

2. Es muß eine einwandfreie Abdichtung zwischen den einzelnen Radiatorgliedern garantiert werden.

3. Die oberen Verschluß- und Neigungsstöpsel[1]) der Glieder dürfen nicht lose einsetzbar hergestellt, sondern müssen fest eingeschraubt sein.

4. Der ganze Radiator ist mit einer Verkleidung zu versehen, die fest mit dem Radiator verschraubt sein muß, so daß man sie nicht ohne weiteres abnehmen kann. Es soll damit jede Möglichkeit genommen werden, daß mit Benzin oder Öl getränkte Putzlappen auf die heißen Oberflächen des Radiators gelegt werden können.

5. Die Zuführung der notwendigen Frischluft darf nur von außen her oder von einem Raum erfolgen, in dem mit dem Austreten brennbarer Luftgemische nicht zu rechnen ist.«

Es folgen hier noch Bestimmungen betr. Laufenlassen von Motoren in Kraftfahrzeugräumen.

I. V. gez.: Dr. Kratz.

[1]) Anmerkung ds. G.W.O.: soll »Reinigungsstöpsel« heißen.

Kraftwagenräume Braunschweig.

Der Braunschweigische Minister des Innern.

Nr. J. II. 1511¹/29.

Braunschweig, den 11. Dezember 1929.
Bohlweg 38.

Auf die Eingabe vom 14. v. Mts. Abteilung XV/Pf/B.

Einer Genehmigung zur Aufstellung von Prometheus-Gasheizöfen in Kraftwagenhallen bedarf es für den Freistaat Braunschweig nicht. Die Aufstellung dieser Öfen in Kraftfahrzeughallen wird von den braunschw. Baupolizeibehörden bereits seit dem Jahre 1927 auf Grund der geltenden Richtlinien zugelassen. Auch in der in Aussicht genommenen Verordnung über die Unterbringung von Kraftfahrzeugen ist vorgesehen, daß für die Heizung von Kraftwagenhallen Heizkörperkonstruktionen von der Art der Prometheus-Gasheizöfen verwendet werden können.

Im Auftrage
gez. Dr. Voigt

Beglaubigt:
Escher
Ministerialkanzleisek.

Kraftwagenräume Sachsen.

Aktenzeichen: 53 a II K 32/1926.

Richtlinien für den Bau und die Einrichtung
von Kraftfahrzeughallen.

I—IV f.

IV g Heizung.

Zur Beheizung der Fahrzeugräume, deren Temperatur 16⁰ C. nicht überschreiten darf, sind zulässig:

1. Warmwasser- und Niederdruckdampfheizungen,
2. besonders zugelassene elektrische oder andere Heizungen, bei denen jede Funkenbildung oder Erglühen von Teilen, die von der Raumluft berührt werden können, ausgeschlossen ist,
3. in Kleinhallen außerdem fugenlose oder fugendichte, glasierte Kachelöfen.

Die Feuerungen der Heizungen müssen sich in einem besonderen Raume befinden, der keine Verbindung mit dem Fahrzeugraum besitzt.

Die Öfen, Heizkörper und Heizrohre sind, wenn nötig, durch gelochte Eisenbleche, Eisengitter oder Eisenstangen, die in mindestens 10 cm Abstand anzubringen sind, zu schützen. Die Durchgangsstellen der Heizrohre müssen in den Decken und Wänden fugendicht hergestellt werden.

Schornsteinreinigungsöffnungen dürfen in Fahrzeugräumen nicht vorhanden sein.

Aktenzeichen: 4 und 10 II K 32/1927.

Dresden, den 25. März 1927.

I.

II.

Zu Abschnitt IV unter g Ziffer 2 der Richtlinien ist zu bemerken, daß zu den zugelassenen »anderen Heizungen« auch geschlossene Gasheizöfen gehören, wenn sie so beschaffen sind, daß sie dieselbe Sicherheit gegen Explosion wie elektrische oder Dampfheizungen oder Heizungen mit Kachelöfen bieten.

Ministerium des Inneren
II. Abteilung
I. A.
gez. Unterschrift.

Kraftwagenräume Thüringen.

Thür. Ministerium für Inneres
und Wirtschaft, Abt. Inneres.

III B V 16, 28.   Weimar, den 4. Oktober 1928

In der Ziff. 17 der Landespolizeiverordnung über den Bau und die
Einrichtung von Kraftwagenhallen vom 15. Januar 1926 — Ges. St. S. 5 —
sind die verschiedenen Heizungsarten für Kraftwagenräume aufgeführt.
Das Eisenwerk G. Meurer A.-G. in Cossebaude bei Dresden hat den
Antrag gestellt, außer diesen Heizungsarten auch noch die Heizung mit
Gas zuzulassen.

Die Heizung von Kraftwagenräumen durch Gasöfen erscheint unbedenklich, wenn folgende Bedingungen erfüllt sind:

1. Die Unterkante des Radiators muß so hoch über dem Fußboden
liegen, daß auf alle Fälle vermieden wird, daß Benzinluftgemische an die
heißen Oberflächen gelangen können. Als Richtmaß ist etwa 1,50 m anzunehmen.

2. Es muß eine einwandfreie Abdichtung zwischen den einzelnen Radiatorgliedern garantiert werden.

3. Die oberen Verschluß- und Reinigungsstöpsel der Glieder dürfen
nicht lose einsetzbar hergestellt, sondern müssen fest eingeschraubt sein.

4. Der ganze Radiator ist mit einer Verkleidung zu versehen, die
fest mit dem Radiator verschraubt sein muß, so daß man sie nicht ohne
weiteres abnehmen kann. Es soll damit jede Möglichkeit genommen werden,
daß mit Benzin oder Öl getränkte Putzlappen auf die heißen Oberflächen
des Radiators gelegt werden können.

5. Die Zuführung der notwendigen Frischluft darf nur von außen her
oder von einem Raum erfolgen, in dem mit dem Austreten brennbarer
Luftgemische nicht zu rechnen ist.

I. A. gez. S c h u m a n n

Beglaubigt:
gez. H a u b o l d
Ministerialamtmann.

Kraftwagenräume Thüringen.

Thür. Ministerium des Innern.

III B 2000

Weimar, den 14. Januar 1930.

Betr.: Gasheizöfen für Kraftwagenhallen.

Die Ziffer 1 unserer Verfügung III B V 16, 28 vom 4. 10. 1928 betr.: Gasheizöfen für Kraftwagenhallen erhält hiermit folgenden Nachtrag:

»Bei Kraftwagenhallen, in denen die Konstruktionshöhe nicht ausreicht, kann ausnahmsweise gegen jederzeitigen, Entschädigungsansprüche nicht begründenden Widerruf bis auf höchstens 0,75 m über dem Fußboden herabgegangen werden.«

I. A. gez.: S c h u m a n n.

Ausgefertigt:
gez.: H a u b o l d
Amtsrat.